やさしくわかる!

文系のための
東大の先生が教える
日本列島の科学

監修
岩森 光
東京大学教授

はじめに

地球は，太陽系の惑星の中でもユニークな存在です。地震や火山噴火が数多く発生し，表面のプレートや大陸が動き，液体としての水をたたえる海がひろく表面をおおい，そして生命が存在する「にぎやかな」惑星です。**そのユニークな惑星「地球」の中でも，日本列島は際立った特徴をもっています。地球のユニークな特徴を凝縮してそなえている，その意味では，もっとも地球らしい場所といえるかもしれません。**

地球の中で何がおこっているか，足元のことではありながら，はっきりととらえることは，じつは容易ではありません。**たとえば，地球の表層から中心までの深さ約6400キロメートルのうち，これまでのところ，人類が直接掘ることができたのはわずか12キロメートル程度です。**日本列島の下で何がおこっているのかをとらえることも，同様に容易ではありませんが，さまざまな角度からそれらをとらえ，しくみを解き明かそうと研究が進められています。

本書では，地球全体を眺めながら，日本列島の特徴やそこでおこる地震や火山噴火など，さまざまな現象について最新の知見をまじえながら書かれています。**日本列島を知ることは地球全体の理解にも通じます。**また，これらの理解にもとづいて，地震や噴火にともなって発生する災害を軽減しようとする社会のとりくみについてもふれられています。本書が，身近な自然現象を科学的にとらえることを通じて，皆様のお役に立つきっかけとなることを願っています。

監修
東京大学 地震研究所教授
岩森 光

目次

1 時間目　日本列島誕生

STEP 1

日本列島が生まれるまで

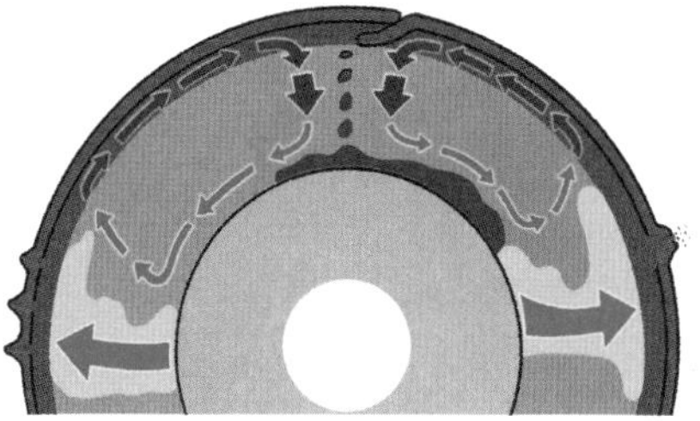

STEP 2

ダイナミックな地殻変動

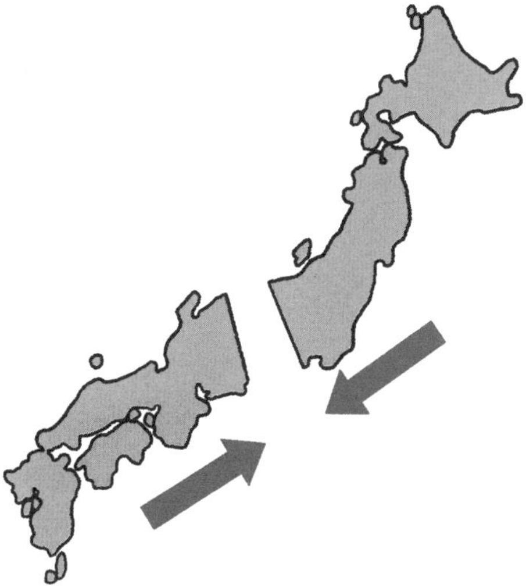

2 時間目 火山大国ニッポン

STEP 1

火山のしくみ

STEP 2

日本の火山

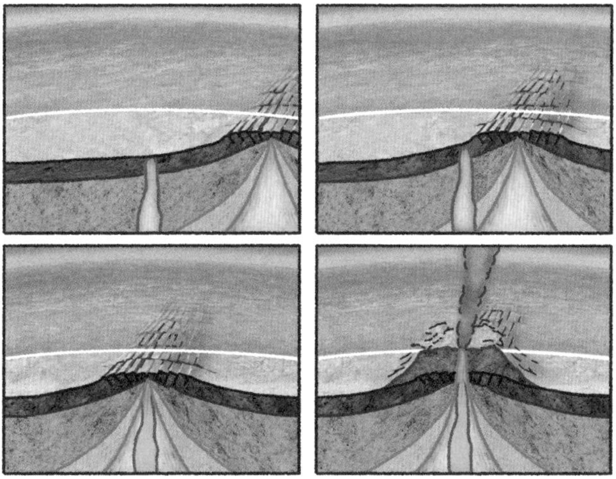

STEP 3

火山と噴火

3時間目 日本列島と巨大地震

STEP 1

地震の基礎知識

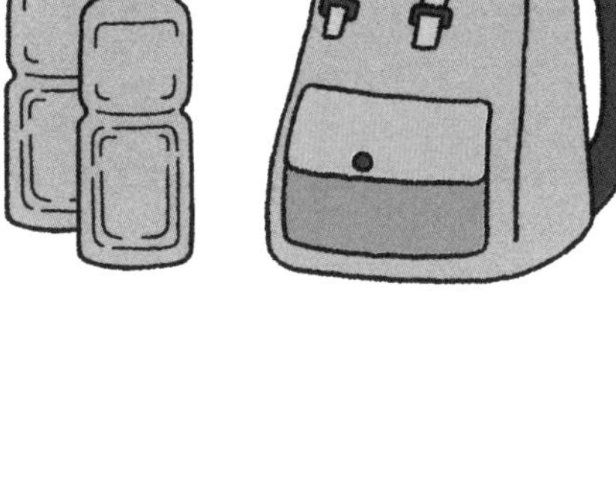

STEP 2

東北地方太平洋沖地震はなぜおきたのか？

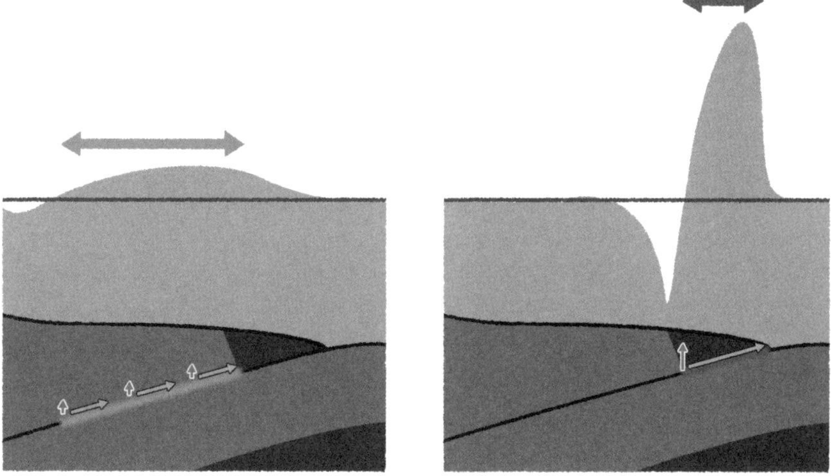

STEP 3

巨大地震はいつ発生してもおかしくない

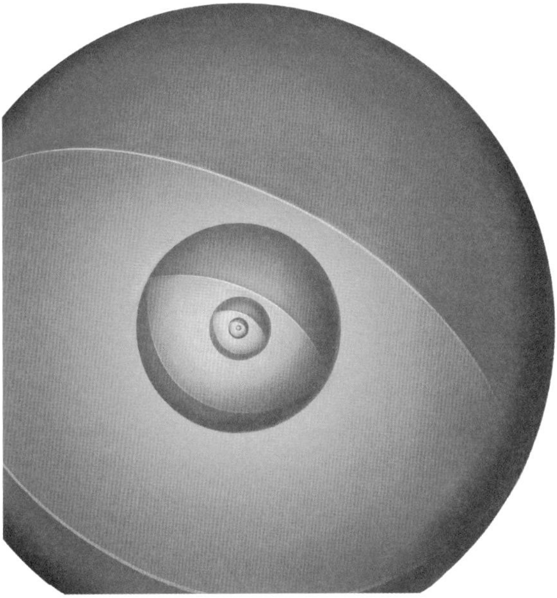

とうじょうじんぶつ

岩森 光先生

東京大学で地球科学を
教えている先生

文系会社員（27歳）
理系分野を学び直そうと
奮闘している。

1

時間目

日本列島誕生

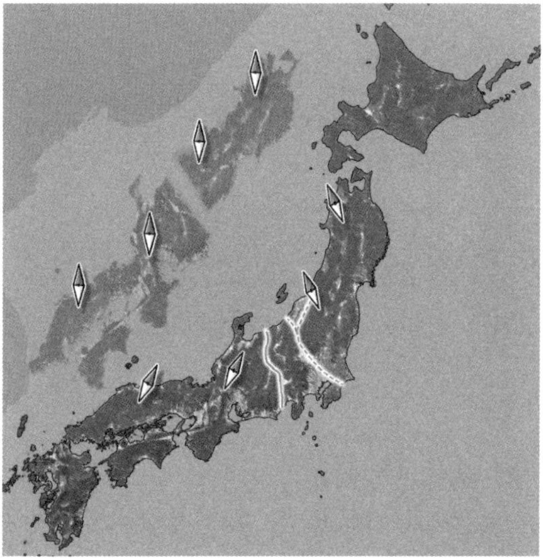

STEP 1

日本列島が生まれるまで

私たちが住んでいる日本列島は，複雑な地形をしています。そもそも日本列島は，どのように誕生し，このような地形になったのでしょうか?

地球の内部をのぞいてみよう

先生，最近地震が多いように感じるんですが，気のせいでしょうか。そう遠くない将来，大きな地震がおきるといわれているし，とても不安です……。

世界の中でも，日本は比較的地震の多い国ですからね。

日本って“**地震大国**”とかいわれてますよね。先生，どうして，日本は地震が多いんでしょう？　地震がほとんどおきない国だってあるのに。日本と地震がおきない国は，どこがどうちがうんでしょう!?

日本ばかりが地震が多いわけではありませんが，日本に地震が多い理由は，日本列島の位置と成り立ちにも関係があります。

日本の成り立ちですか。
そういわれると，私はこの日本で生まれたのに，いったい日本がどうやってできたのか，まったく知りません。

地震を警戒することも大事です。しかしそれ以前に，日本列島がどうやってできて，どのような構造をしているのかを学んでみるのも，大切なことではないでしょうか。

確かに，“地震大国”とか“島国”とか，漠然としたイメージでしかなかったかも……。
地震に気をとられていましたけど，日本列島ってどんな場所なんだろう？

気になるでしょう？
地震大国という言葉はひとまず置いておいて，まずは日本列島について知ることからはじめてみてはいかがでしょう。

そうですね！　がぜん気になってきました。
先生，**日本列島について教えてください！**

おっ，いいですね！
では日本列島について，一緒に見ていきましょう。
日本列島について考えるには，この地球について，はじめに知っておいた方がよいでしょう。そこでまずは**地球の構造**からお話ししましょう。

「地球の構造」だなんて，スケールがでかい！
ワクワクしてきました。よろしくお願いします！

地球はおよそ**46億年前**，太陽系の一員として誕生しました。当時，太陽の近くには岩石や金属からなる**微惑星**がたくさんあり，それらが衝突・合体して，一つの大きな**惑星**へと成長したのです。その一つが地球です。

地球は，最初は小さな岩石や金属のかけらだったんですね。

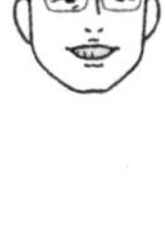

その通りです。誕生直後の地球は，岩石や金属を溶かしこんでドロドロになった**マグマ**におおわれた，**灼熱の惑星**でした。
当然，その地表に陸地はなく，**マグマオーシャン**とよばれるマグマの大洋が広がっていたのです。

とてもじゃないけど，泳げなさそうですね……。

ハハハ！　そうですね。リゾート地としては，まあ向いてないでしょうね。
そうしたドロドロに溶けた地球の内部へ，重い物質がどんどん沈んでいきました。
鉄や**ニッケルなどからなる金属**が最も早く沈み，地球の中心に集まって球体となりました。この球体を**核（コア）**といいます。
コアは，最初はマグマと同じような流体でした。しかし，やがて中心部から徐々に冷えていき，**内核**という固体となっていきました。

これが，地球の**中心部**ということですか。

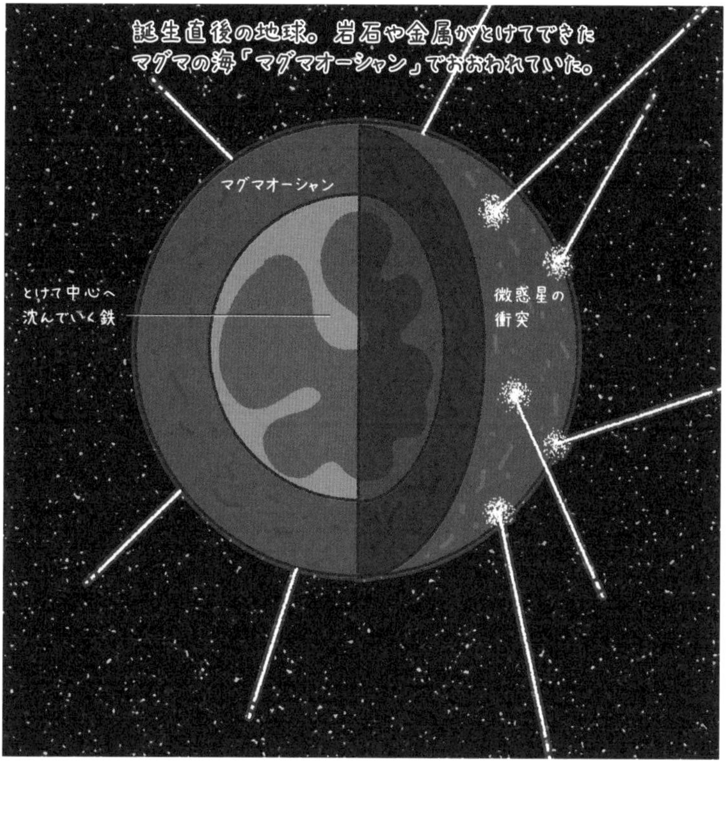

そうです。**内核は直径約1300キロメートルという巨大な鉄球です。**

せんさんびゃくキロメートルぅ!?
地球の中心部は，超巨大な鉄の球なんですね。ちょっと信じられません……。

すごいでしょう。さらに，内核を包むように**外核**があります。
外核は地球誕生当時から存在する液体で，厚さは約2200キロメートルにもおよびます。

ぎょえ～！
厚さが2200キロメートルって……！

大きいでしょう。内核と外核を合わせると，直径はだいたい3400～3500キロメートルというところでしょうか。

う～む。

さらに，外核を，厚さ約2900キロメートルにおよぶ**マントル**という層が包んでいます。マントルは「球状の殻(球殻)」の形をしていて，地球全体の体積の80％以上をしめます。
マントルは岩石からなっていて，岩石を構成する鉱物のちがいによって，「上部マントル」と「下部マントル」の2層に分けられます。

そしてその上に，私たちが暮らす大陸や海洋底を作っている**地殻**があり，その一番外側の面が**地表**です。
つまり地球は，大きく分けて，核(コア)，マントル，地殻の3層構造なんですね。
コアは内核と外核に，マントルは上部マントルと下部マントルに分けることができて，そのうち外核だけが液体，という構造です。

地球は三層構造

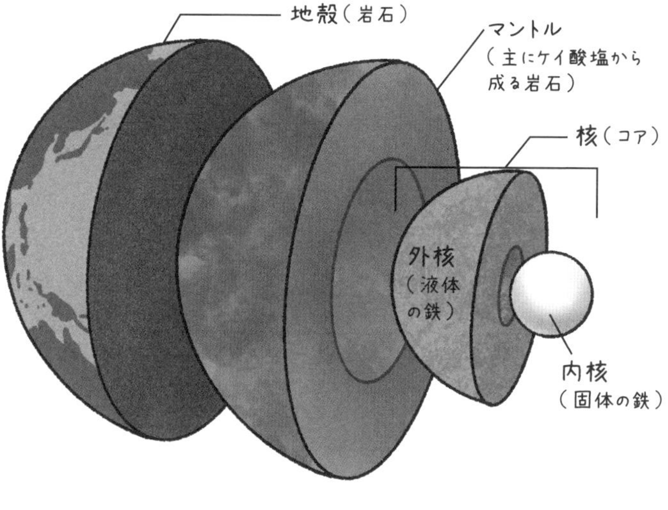

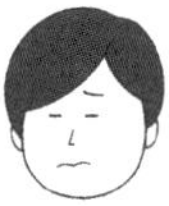

へえぇ〜。
ちなみに，私たちが乗っかっている地殻はどれぐらいの厚みがあるんですか？　今までのお話からすると，やっぱりマントルを上まわるぐらいの厚みがありそうですね。

いいえ，とんでもありません。地殻の厚さは，せいぜい数十キロメートルというところです。

薄っ！

ちょっとまってください，数十キロメートルって……，そんなに薄いんですか!?

ええ，そうなんです。地球をゆでタマゴに見立てると，黄身がコア，白身がマントル，殻が地殻という感じでしょうか。割合からすると，地殻は卵の殻よりもずっと薄いのですが。

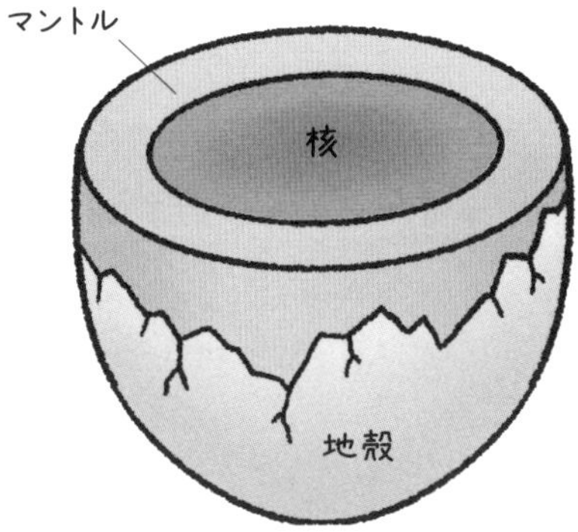

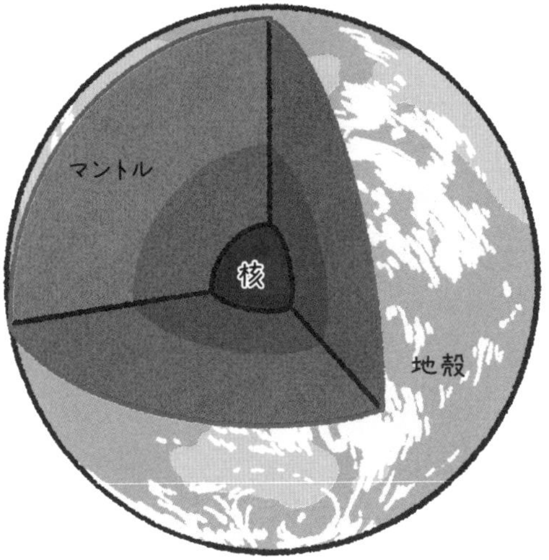

私たちはみんな，地球表面の薄い皮１枚の上で暮らしているわけなんですねえ。

まあ，そうともいえますね。
しかし薄いとはいえ，現在の人類の力では，地殻の最も薄いところをねらって掘ったとしても，マントルの最上部へやっと届くかどうか，というところです。そのため，実際には地球深部の構造はだれも見たことがありません。

えっ，じゃあ，どうやってこんなにくわしく地球の内部の構造がわかったんですか？

私たちが決してのぞくことのできない地中のようすを教えてくれるのは，まさに，あなたが心配している地震のおかげなんです。

地震が!?

地球の内部構造は地震が教えてくれる

先生，地震によって地球の構造がわかるなんて，はじめて聞きましたよ。一体どうやってわかるんですか？

おどろいたでしょう。
正確には**地震波**です。地震波は地球の内部を伝わっていくとき，地中の物質によって伝わり方や速さが変わります。このため，地震波の伝わり方をくわしく解析すると，地球の内部構造が見えてくるのです。

この層は地震波が速く伝わるからこういう物質だろうとか，ここは伝わりにくいからこれだろうとか……。

そうですね。地震には**P波（Primary Wave）**と**S波（Secondary Wave）**の2種類があります。
P波は進行方向に対して押したり引いたりする力にともなう波で，固体・液体・気体すべての中を伝わっていきます。
一方，S波はねじる力にともなって発生する波なので，固体の中でしか伝わっていきません。
この特徴をふまえて地震波を解析していくと，その伝わり方が変化するところや面が，地球の中にあることがわかりました。そのような面を**不連続面**といいます。つまりここで，地下の物質や層の性質がことなっていることがわかるのです。

不連続面が層の境目ということなんですね。

地震波の伝わり方

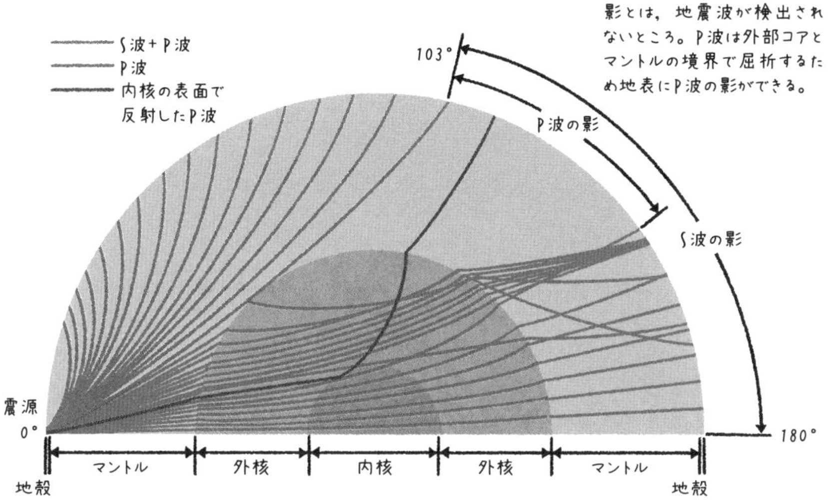

地震を伝える波にはP波とS波がある。P波は進行方向に対して押したり引いたりする力なので固体・液体・気体すべての中を伝わっていくが，S波はねじる力に抵抗して発生する波なので固体の中でしか伝わっていかない。P波もS波も「不連続面」で屈折あるいは反射する。図では，P波がマントルと外核，および外核と内核の境界面で屈折や反射している様子がえがかれている。

そうです。このような地震波の解析から，地球深部の密度を推測することができます。
一方，地球深部の化学組成については，地球にふってくる**隕石**から推測することができます。

隕石から!?

はい。隕石は，宇宙空間をただよっている岩石が，地球の重力に引き寄せられて，固体のまま地球にふってきたものなんですね。このとき隕石は地球をとりまく大気圏を無事に突き抜けて，地上にたどりつく必要があります。というのも，隕石は，大気圏に突入すると，大気との摩擦によって高温となり，その多くが地球に到達する前に気化してしまうんです。

へええ〜。

地球に落ちてくる隕石は，そのほとんどが太陽系の惑星間をただよう岩石や金属からなる物体を起源とすることがわかっています。
地球を含む太陽系の惑星は，約46億年前に，太陽のまわりをただよっていた物体が衝突し合って誕生しました。隕石は，そのときに惑星にならなかったそのような物体が，当時の化学組成を保持したままふってきた，と考えられるのです。つまり隕石は**惑星の材料**なんですね。

隕石って，惑星の材料の標本みたいなものなんですね。

そうなんです。ですから，隕石を解析することで，地球全体の組成や深部の組成を推測できるんです。地震波の解析で得られた密度と合わせて，地球深部の構造や圧力などを比較的精度よく推定することができます。
次のページのイラストは，そのようにして推定された地球の内部構造とその場所でのおよその圧力や密度をえがいたものです。まだ不確実性が大きいですが，温度も示しています。

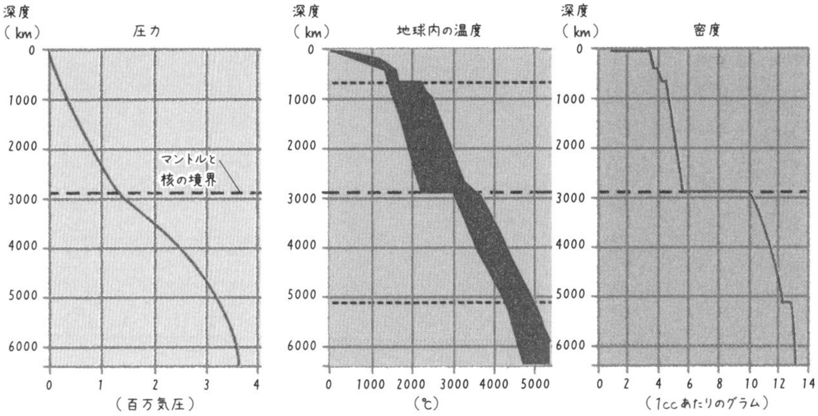

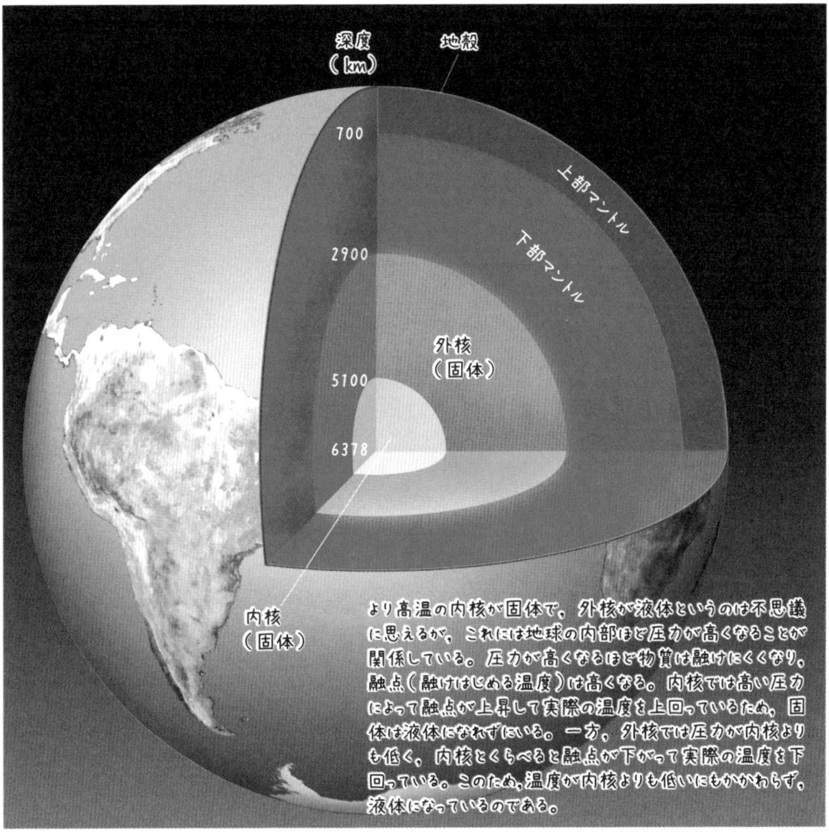

より高温の内核が固体で、外核が液体というのは不思議に思えるが、これには地球の内部ほど圧力が高くなることが関係している。圧力が高くなるほど物質は融けにくくなり、融点（融けはじめる温度）は高くなる。内核では高い圧力によって融点が上昇して実際の温度を上回っているため、固体は液体になれずにいる。一方、外核では圧力が内核よりも低く、内核とくらべると融点が下がって実際の温度を下回っている。このため、温度が内核よりも低いにもかかわらず、液体になっているのである。

すごい！

圧力は深くなるほど大きくなりますが，核とマントルの境で上昇率が変わります。それはマントルは密度が小さい岩石でできているのに対し，核は密度が岩石にくらべてずっと大きな**鉄**や**ニッケル**などの金属が主成分だからです。

まるで実際に観察したみたいにわかるんですねえ。

地殻とマントルはともに**二酸化ケイ素**を主成分とする岩石でできています。二酸化ケイ素の割合は地殻では平均およそ55%，マントルでは45%を占めていると推定されています。これに対して，核は80％以上を**鉄**が占めているようです。

やっぱり，核の部分はほとんどが鉄ですね！

そうですね。地球内部の圧力と温度は，深部になればなるほど連続的に高くなっていきます。地球の中心部は**約364万気圧**です。地表の364万倍の圧力ということですね。温度は**5000℃以上**に達している可能性があります。

地表の364万倍!?
私たちなんか，あっという間にぺしゃんこですね。温度もすご……。

密度は，圧力の増加によってマントルと核の中ではゆるやかに増加します。ですがマントルと核の境い目では岩石から金属鉄に物質が変わるため，密度がほぼ2倍にはねあがります。
温度については，室内実験により外核の金属が溶融する条件が推定されていますが，まだ不確定性も大きいです。

地球の内部は活動している

先生，地球って，大きな構造をもっているんですね。

そうですね。また，地球は単に構造を維持しているだけでなく，**ダイナミックな活動**もしているんですよ。

活動？　どういうことでしょう？

1980年代以降，地震波をもちいて，地球内部を3次元的に“透視”する**地震波トモグラフィー**という技術が発展しました。
地震波トモグラフィーで観測した結果，プレートが地表からマントルの深部に沈みこむ「下降流」のようすや，反対にマントルの深部からプルームとよばれる「上昇流」がわきあがっていることなどがわかったのです。

えっ!?　マントル内に“流れ”があるんですか？

はい。一般に，熱いものは密度が低く，冷たいものは密度が高くなります。このため，空気や水などの流れやすい物質（流体）に温度差があると，高温のものは上へ，低温のものは下へ移動します。身近な例だと，お椀の中の熱い味噌汁が，かきまぜてもいないのに流れているのを見たことはありませんか？　あれは，表面付近で冷めた部分が下がっていき，逆に中から熱い部分が上がってくることで発生しているのです。

確かに！　味噌汁はうずまいてますね！

このように，上昇流と下降流がおきる現象を**熱対流**といいます。温度差があまりないときには流体は動かず，熱がゆっくりと伝わるだけです。しかし温度差が大きいときには，流体自体が動いて熱が効率よく運ばれるのです。

ふ〜む。マントル内に，熱い部分と冷たい部分があるわけですね。

地球の内部は数千度もの高温となっています。それに対して，地表では気温や海の水温と同じ温度にまで冷やされています。この温度差のため，表面と深部のあいだにあるマントルは対流し，これによって地球内部の熱は外部へ逃がされているのです。
ちなみに，現在，地表から放出されている熱は，**40兆ワット以上**と推計されています。

ひえ〜！
うちの電子レンジが500ワットだから，桁ちがいのエネルギーですね。でも先生，マントルって，岩石ですよね。岩石ってすごくかたいイメージなんですが……。それが水や空気みたいに流れるんですか？

はい。おっしゃる通り，マントルはほぼ固体の岩石なので，たとえば地震のように急激に加わる力に対しては，固体としてふるまいます。
しかし，高温高圧にさらされているマントルは，非常に長い時間のスケールで見ると，流体としてふるまうのです。マントルにおける流れの速度は非常にゆっくりで，年間数ミリメートル〜10センチメートル程度です。

岩石ってがっしりしていて動かないという固定観念がありましたけど，必ずしもそうではないのですね。面白いですね。

次のイラストは，マントル対流のしくみと，地震波トモグラフィーによって明らかにされた，地球内部の対流のようすをえがいたものです。

すごいスケールですね！

その中でも，日本の地下には大きな特徴があります。冷たい太平洋プレートが，**日本海溝**という，海底の深い溝からマントルに沈みこんでいます。また，アフリカ大陸と南太平洋の下には，巨大な熱い上昇流があることがわかっています。

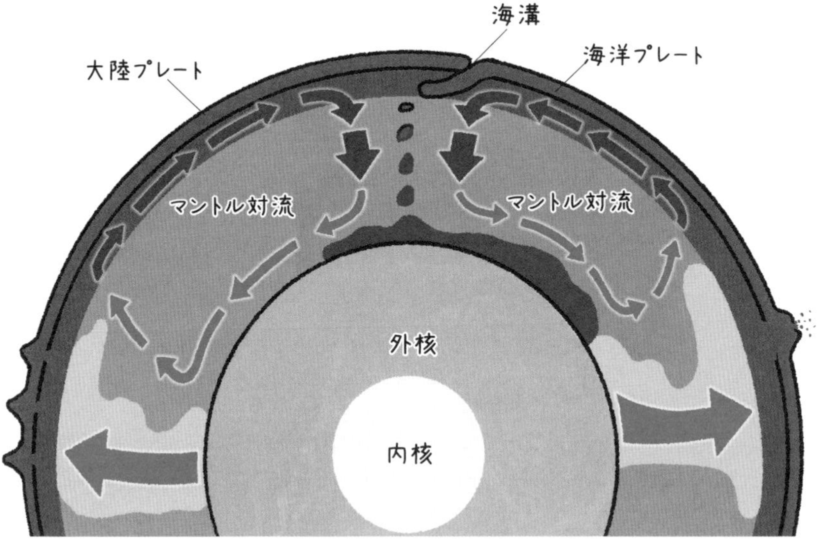

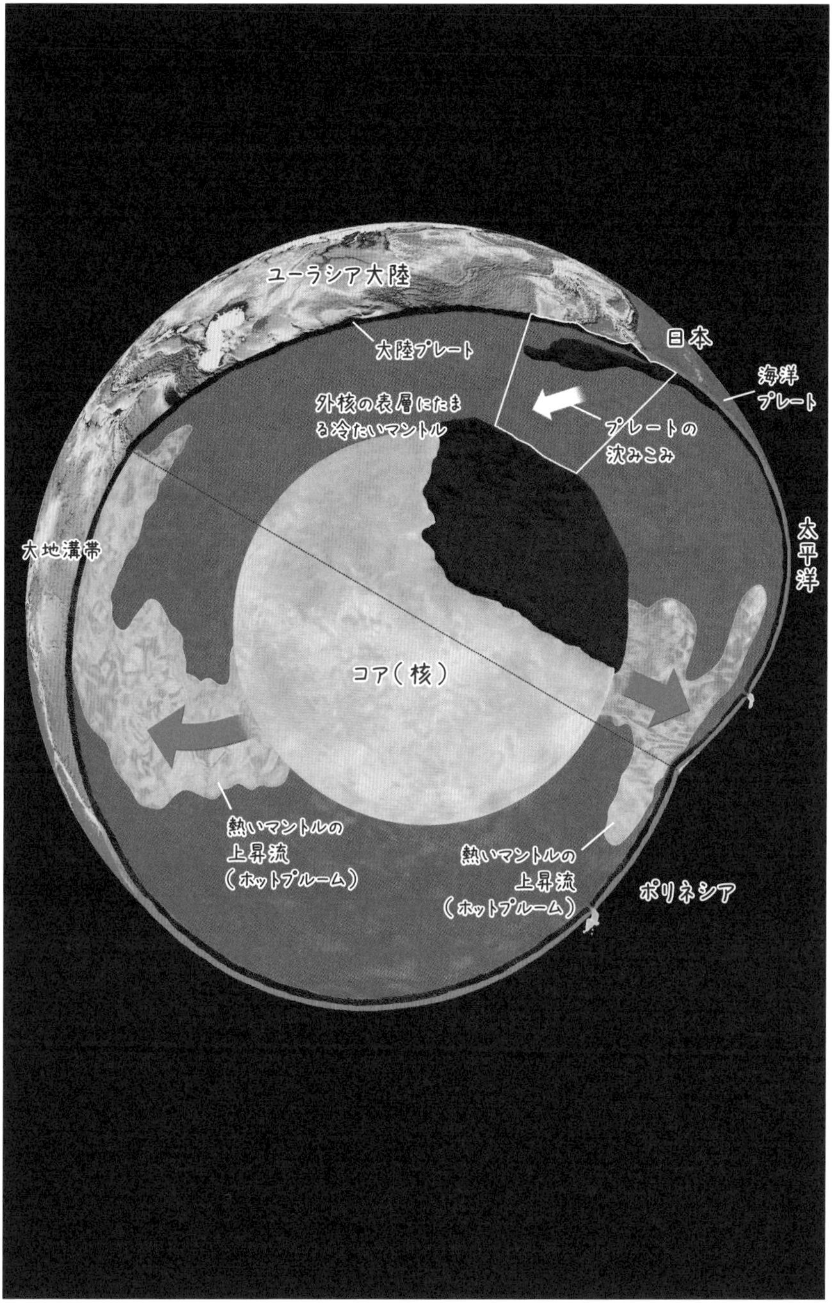
ユーラシア大陸
大陸プレート
日本
海洋プレート
外核の表層にたまる冷たいマントル
プレートの沈みこみ
太平洋
大地溝帯
コア（核）
熱いマントルの上昇流（ホットプルーム）
熱いマントルの上昇流（ホットプルーム）
ポリネシア

地球は十数枚のプレートでおおわれている

地球の表面は，板状のかたい岩盤でおおわれています。この岩盤を**プレート**といいます。

地球は，1枚のプレートで均等におおわれているわけではなく，大まかには十数枚のプレートでおおわれています。

下のイラストは，地球表面をおおうプレートをえがいたものです。

プレート境界

赤色の線はプレート境界を，矢印はプレートの移動方向をあらわしている。矢印の向かう先で，プレートの沈み込みや衝突がおこる。2つのプレートが離れるようにうごいている境界は海嶺に対応する。

日本はちょうど，太平洋プレート，フィリピン海プレート，ユーラシアプレート，北アメリカプレートの境界あたりにあるんですね。

そうですね。
プレートは，マントルの最上部と，その上の地殻からなります。厚さは海洋域では100キロメートル以下で，プレートがつくられる海嶺付近で最も薄くなっています。一方，大陸域では，100キロメートルより厚いところもあります。

海嶺でプレートがつくられるんですか？　海嶺とは何でしょうか？

海嶺とは，海底にある長くつらなる山脈のことです。海嶺では，二つのプレートが引き裂かれるように反対向きに動き，その隙間をうめるように新たな海洋プレートが生まれています。

なるほど。だから薄いんですね。

はい。そして，海嶺で生まれたプレートは，ゆっくりと移動します。たとえば，太平洋の海底の大部分を占める太平洋プレートは，**東太平洋海嶺**でつくられ，西に動いてきたものです。そして最後には，**日本海溝**や**マリアナ海溝**などから，地球深部へと沈みこんでいきます。

プレートって，流氷みたいですね。ところで**海溝**とは何なのですか？

海溝とは，海底の深く長い溝のことで，一方のプレートの下に他方のプレートが沈みこむことでできたと考えられています。水深6000メートル未満のものは，トラフといいます。

あっ！　「南海トラフ地震」といいますよね。
なるほど，海洋プレートは海嶺で生まれて，それが移動して沈みこんでいくと海溝になるわけですね。
ちなみに，プレートはどのくらいの速度で移動しているんですか？

プレートの移動速度は，年間数センチメートル程度です。
太平洋プレートの年代を測ると，東太平洋海嶺に近いほど新しく，マリアナ海溝に近いほど古くなっています。
最も古い場所は，2億年ほど前の中生代ジュラ紀につくられたと推定されています。

相当ゆっくりですね。太平洋プレートは，一億年以上かけて，東から移動してきたのかぁ……。

プレートの移動は，マントル全体の対流運動の一部で，その地表での動きといえます。
海溝で地球深部へと沈みこむプレート自身の重さで引っ張られて，プレートが移動するのです。移動するあいだに，プレートは徐々に冷やされ，沈みこむときにはかたく重くなっており，これがマントル対流の下降流に相当すると考えられています。

地球上の大陸は，かつては一つだった

先生，ところで，プレートは1年に数センチメートルしか動かないんですよね。地球規模で考えると，そんなわずかな移動って，ほぼ移動してないのと同じだと思うんですが……，プレートが移動してるなんて，なぜわかったんですか？

そうですよね。
プレートが移動するという事実を発見したのは，ドイツの気象学者**アルフレッド・ウェゲナー**（1880〜1930）です。
1910年のある日，ウェゲナーは世界地図をながめながらあることに気づいたのです。

アルフレッド・ウェゲナー
（1880〜1930）

地図を見て？

はい。ウェゲナーは，南アメリカ大陸東岸の海岸線と，アフリカ大陸西岸の海岸線の形が似ていることに気づきました。そして，これらをジグソーパズルのように組み合わせることができるのではないかと考えたのです。

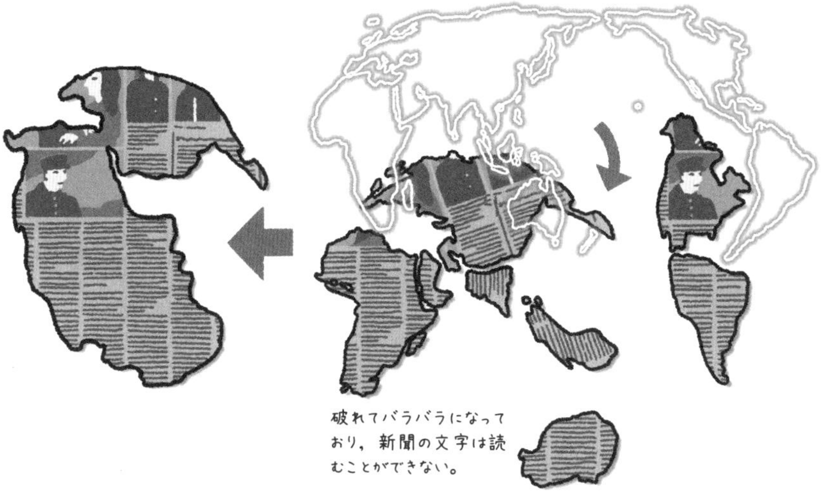

現在の大陸（右）は破れてバラバラになった新聞紙のようなものだとたとえられる。パズルのように，かつてあった超大陸の形を復元すると，新聞が読めるようになる（左）。

そんなこと，よく気づきましたね。しかもパズルだなんて。でも，仮に形がはまったとしても，あくまでも地図上のことですから，偶然で終わってしまいそうですけど……。

その通りです。だからウェゲナーは，大陸の移動を証明するために，さまざまな証拠を集めました。その一つが**カタツムリの分布**です。

カタツムリ!?

はい。ガーデン・スネールというカタツムリの分布を調べてみると，北アメリカの東海岸と，ドイツからイギリスにかけてのヨーロッパに分布していることがわかったのです。しかし現在，北アメリカとヨーロッパのあいだには，大西洋が横たわっています。不思議ではありませんか？

ふうむ。カタツムリが海を泳いで渡ったとは考えられませんからね。

でしょう？　ウェゲナーは，この分布が，かつて両大陸はつながっていた証拠にちがいないと考えたのです。
さらにウェゲナーは，動物や氷河の分布など，100種類以上の証拠を集めました。そしてそれらを根拠として，1912年に，地球上の全大陸はかつて1か所に集まって**超大陸パンゲア**をつくっていたとする**大陸移動説**を発表したのです。

超大陸パンゲア，聞いたことがあります！

しかし，大陸そのものが移動するための原動力を証明できなかったため，大陸移動説は下火になってしまいました。ちょうど，ウェゲナーが探検で亡くなってしまったことも影響しています。
この大陸移動説がふたたび注目を集めたのは，**古地磁気学**にもとづく海洋底の構造に関する研究や，**プレートテクトニクス理論**が確立しマントル熱対流論などが進歩した1960年代以降でした。

大陸移動説，今は普通に語られていますけど，ウェゲナー博士のアイデアと努力のおかげだったんですね。

：リストロサウルスの生息域
三畳紀に，アジアやアフリカ，インド，南極がつながっていたことを示している。

：ガーデン・スネールの生息域
石炭紀に，北アメリカとヨーロッパがつながっていたことを示している。

地表のダイナミックな活動はプレート運動のせい

プレートが移動する方向はそれぞれことなります。そのため，プレートどうしの境界は，はなれるか，近づくか，すれちがうかの**3タイプ**に分けることができます。

ふむふむ。

まず，プレートを生む海嶺は，このうちの「はなれる境界」に相当します。

海嶺では，裂けたプレートのすきまを埋めるようにマントルが上昇し，海水に触れて冷やされて，プレートになります。このとき，上昇してきたマントル物質は，上昇するにつれて圧力が下がるため，部分的に融けてマグマができます。さらに，そのマグマがプレート上面に噴出し，海水に触れて冷却されて固まり，新しいプレートをおおう海洋地殻となるのです。

海嶺でプレートができるのは，そういうしくみだったんですね。

はい。一方，「プレートどうしが近づくタイプの境界」も，活動が活発におきている場所です。

まず，太平洋のまわりなどでは，海洋プレートが大陸の下の地球深部へと沈みこんでいます。このような場所では，プレートの沈みこみ境界で巨大地震が発生します。

2011年3月11日におきたマグニチュード9の東北地方太平洋沖地震も，太平洋プレートが東北地方の大陸プレートの下に沈みこむことによって生じたものです。

東北地方太平洋沖地震の原因について，プレートが沈みこむ場所だと報道されていた記憶があります。

ただし，プレートが沈みこむ場所は，巨大地震だけでなく，大陸が成長する重要な起点でもあります。そういった場所は，**沈みこみ型プレート境界**ともいわれます。

大陸が成長する？

はい。**海洋プレートが大陸プレートに沈みこんでいく際に，海洋プレートから海水がもたらされます。すると，大陸プレートの下にあるあたたかいマントルの一部が融けてマグマができるのです。マグマが地表に噴出すると火山が生まれたり大きくなったりします。また，発生したマグマの一部は，下部地殻で固まり，大陸地殻を厚くします。**

なるほど。そうして大陸地殻が成長していくんですね。

そうです。さらに，**海洋プレートの上にたまった堆積物の一部は，プレートが沈みこむ際に大陸プレートにはぎ取られて端にくっつき，これも大陸地殻の一部になっていくことがあります。**

なるほど……。では，大陸プレートどうしが近づくとどうなるんですか？

大陸プレートどうしが近づく境界では，両方の大陸の密度が小さく，どちらも沈みこめないため，衝突によって境界に高い山岳地帯ができます。世界一高いヒマラヤ山脈やその北に広がるチベット高原もインドとユーラシアプレートの衝突によって生じたのです。

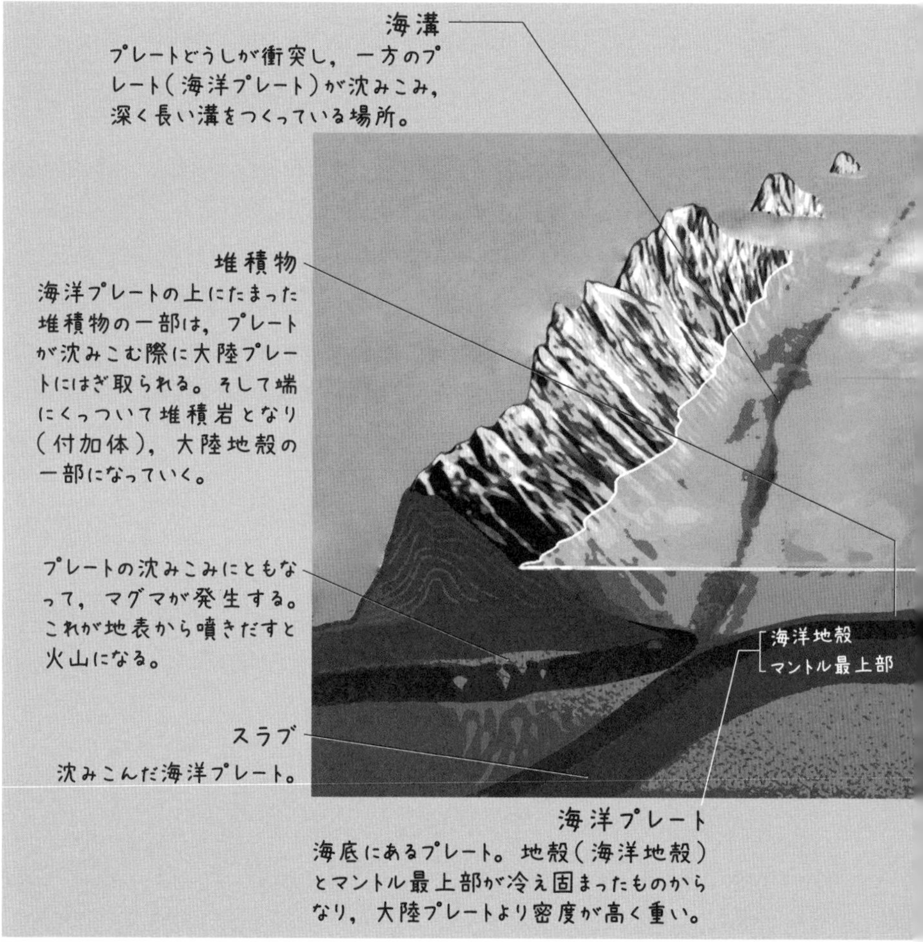

ひゃあ〜！

プレートは移動していて，プレートどうしの接触のしかたによって，溝ができたり山脈ができたり，火山や地震がおきたりするわけなんですね。

その通りです。このように，地球の表面はいくつものプレートに分かれていて，それぞれのプレートが移動することで，さまざまな地質的な変化がもたらされると考える理論を，**プレートテクトニクス**といいます。

地殻には，陸地をつくる「大陸地殻」と，海底をつくる「海洋地殻」がある。前者は安山岩質〜花崗岩質。後者は玄武岩質である。地球誕生直後には海洋地殻しか存在せず，大陸地殻は，プレートの沈みこみがはじまってからこの図のように沈みこみ帯でつくられはじめたと考えられている。

地層からわかる日本列島の“骨格”

さて，地球のダイナミックな運動についてお話ししてきました。ここからいよいよ日本列島の成り立ちについて見ていきましょう。
先ほど，沈みこみ型プレート境界では大陸が成長するとお話ししましたね。実はこの過程が，日本列島の成立に大きく関係しているのです。

どういうことでしょう？

ここで，日本列島の**地層**に注目してみましょう。地層とは砂や泥などが層状に堆積したものです。
普通，地層というのは，下から順番に積み重なっていくので，下にいくほど古く，上にいくほど新しくなります。つまり，地層はおよそ水平に積み重なっていくわけです。

下にいくほど時代が古くなるわけですね。

そうです。
この場合，水平方向にはあまり地層の時代が変化しません。しかし，日本列島では，大陸側（日本海側）の地層は古く，太平洋側の地層は新しいという場所が多く見られるのです。

どうしてそうなっているんだろう？

実は，この特徴的な地層の並び方は，**付加体**の発達が，日本列島の形成に重要な役割をはたしていることを示しているのです。

ふかたい？

はい。先ほど，海洋プレートが大陸プレートの下に沈みこむとき，海洋地殻（海洋底の堆積物や玄武岩）の一部がはぎとられて大陸側にくっついていくことがある，とお話しました。
このようにして大陸プレートの一部になった部分が付加体です。

なるほど。

はりつく堆積物の中には，遠洋の深海に堆積する泥や大陸から流れこんできた土砂，大陸プランクトンの死骸が堆積してできた岩石やかつてのサンゴ礁などが含まれます。また，海嶺でできた玄武岩に加えて，活動を休止した海底火山の一部もはりつくことがあります。このように，さまざまな物質が付加体として大陸プレートの端に蓄積され，新しい付加体が海側に発達していくのです。

そうか！　だから付加体でできた地層の順番は，大陸側の地層が古く，太平洋側の地層は新しいのですね。日本は，付加体でできている場所が多いということなんですね。

その通りです。日本列島の土台となる“骨格”ができはじめたのは，5億年以上前のことだと考えられています。その後，日本列島は，骨格の一部がプレートの沈みこみで削られたり（構造侵食），付加体の形成によって成長したりをくりかえしながら，現在の姿に至りました。

5億年も前……。

新潟県の糸魚川市周辺は，翡翠《ひすい》がとれることで有名です。この翡翠は，沈みこみ型プレート境界のような高圧や流体が多い場所でつくられたことがわかっています。糸魚川市から見つかった翡翠に含まれているジルコンという鉱物の年代を調べた結果，**約5億年前**にできたものだということが判明しています。この辺りが5億年前の沈みこみ型プレート境界でできた証拠といえます。

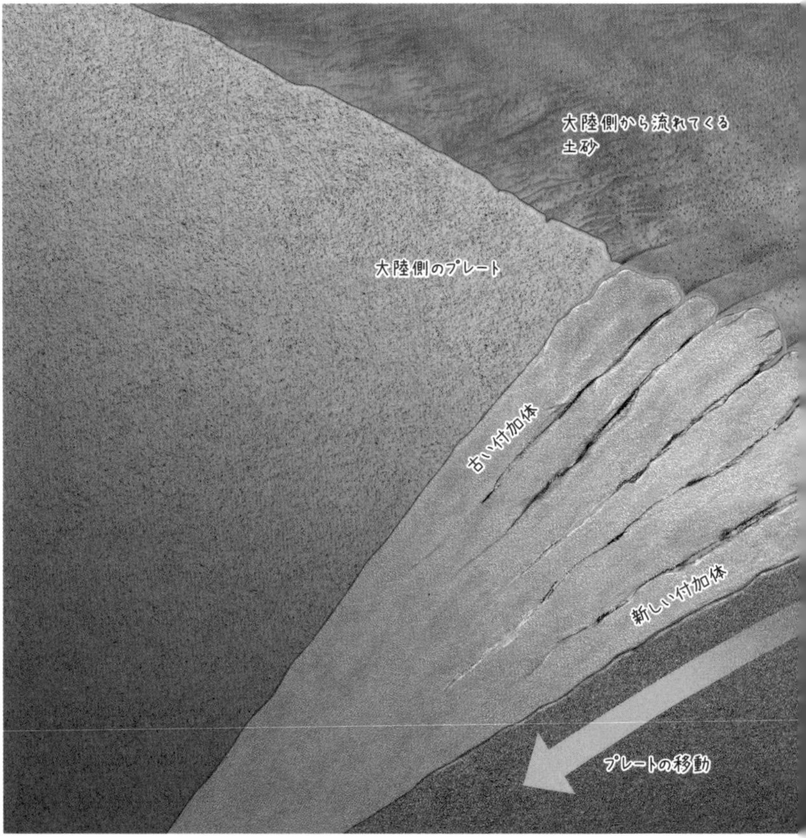

翡翠は，日本列島誕生の証拠だったんですね。

日本列島の南にある海底の溝，南海トラフでは，今も付加体の形成が続いています。一方で，日本列島の東にある日本海溝や，伊豆・小笠原海溝では，付加体は形成されておらず，構造浸食がおこっていると考えられています。**これらは，先ほどのべた構造侵食や付加体の発達の両方が，現在の日本列島でもおこっていることを示しています。**

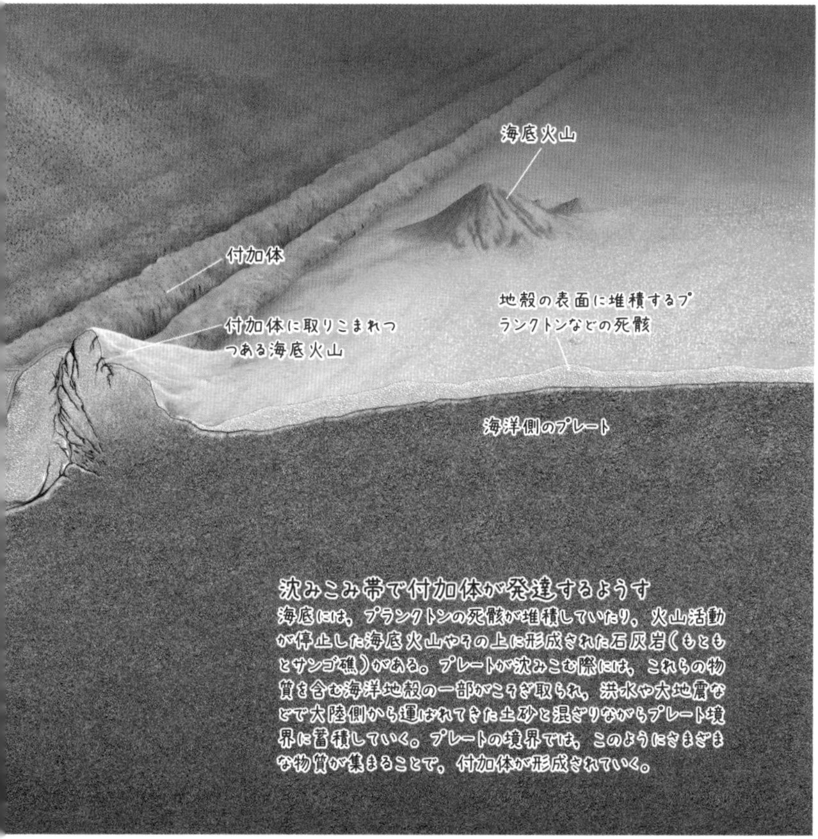

沈みこみ帯で付加体が発達するようす
海底には，プランクトンの死骸が堆積していたり，火山活動が停止した海底火山やその上に形成された石灰岩（もともとサンゴ礁）がある。プレートが沈みこむ際には，これらの物質を含む海洋地殻の一部がこそぎ取られ，洪水や大地震などで大陸側から運ばれてきた土砂と混ざりながらプレート境界に蓄積していく。プレートの境界では，このようにさまざまな物質が集まることで，付加体が形成されていく。

日本列島の生い立ち①　大陸の時代

日本列島はユーラシア大陸の東端に位置していて，島々が弓なりにつらなって並んだ形をしています。**実はもともと日本列島は，ユーラシア大陸の東端の一部だったと考えられているのです。**ここで，日本列島がどのように誕生したのか，その変遷を**三つの時代**に分けて，見ていきましょう。

もともと大陸の一部だったんですか!?　いったいどうやってこんな形になっていったのか，気になります！

そうですよね。
まず，一つ目の時代は，日本列島がまだユーラシア大陸の一部だった**大陸の時代**です。
今から約1億年前，ユーラシア大陸の東側，つまり現在の日本列島がある場所は海で，その南には**イザナギプレート**とよばれる海洋プレートが存在していました。

イザナギって，古事記に出てくる神様ですよね！　海を矛でかき回して，矛から垂れたしずくから日本列島が生まれたという。

そうですね。
さて，およそ1億5000万年前から数千万年前まで，イザナギプレートは北～北西方向に移動しながら，ユーラシア大陸をつくる**ユーラシアプレート**の下に沈みこんでいました。

沈みこみ型プレート境界だったわけですね。

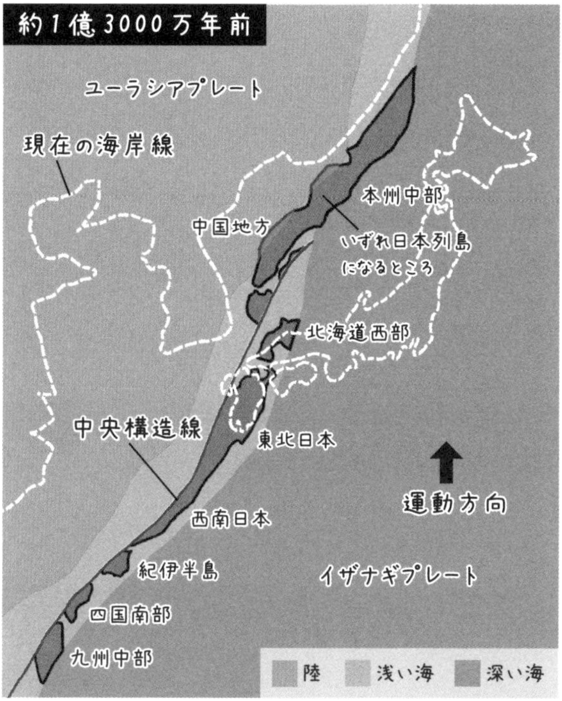

白亜紀に，現在の中央構造線に対応する断層をはさんで横ずれ運動がおこり，南からの地層と合体することによってより現在に近い日本列島の姿となった。このころはまだ太平洋プレートははるか南東にあった。

その通りです。
このプレートの沈みこみ帯では，イザナギプレート上の堆積物や砂や泥，海山《かいざん》（海底から1000メートル以上の高さに隆起している地形。孤立しているものをいう）などが，ユーラシアプレートにけずり取られ，ユーラシアプレートの端っこに付着して，蓄積されていきました。

付加体ですね！

そうです。この付加体が，のちにできる**日本列島の基盤**の一部です。
イザナギプレートは数千万年前ごろ，完全にユーラシアプレートの下に埋没し，消滅しました。
その後，イザナギプレートと海嶺をはさんで南に存在していた**太平洋プレート**がユーラシアプレートに沈みこみはじめました。

日本列島の生い立ち②　分裂・移動の時代

やがて今から約2500万年前，日本列島にとって最初の大事件がおきました。二つ目の時代，**分裂・移動の時代**のはじまりです。

ついに，大陸から切りはなされるわけですね！

そうです。ユーラシア大陸の東側の縁が割れはじめ，**地溝帯**とよばれる，深く大規模な裂け目がつくられていったのです。そこには湖や川が集まる**湖水群**ができました。湖水の周辺にはゾウやシカなどの哺乳類が生息していたことを示す化石も見つかっています。

へえぇ～。

地溝帯はその後，1000万年にわたって拡大を続け，その縁が海に達して，海水が流れこんできました。こうして誕生したのが**日本海**です。

また，日本海が拡大を続ける過程では，その影響で，海底に割れ目ができてマグマが噴きだし，火山活動も活発におこりました。

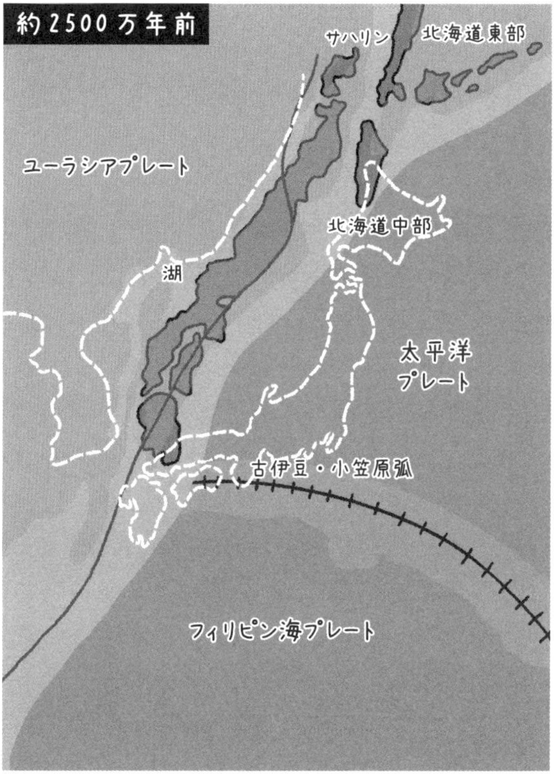

アジア大陸が分裂を始め，地溝帯がつくられはじめた。

壮大ですねえ。

一方，日本列島の南でも大きな地殻変動がおきていました。約2000万年前ごろ，日本列島の南に位置する，南北につらなる火山列島が東西方向に分かれはじめ，**伊豆・小笠原海嶺**と，**九州・パラオ海嶺**という，二つの海嶺ができたのです。

海嶺って，海底の山脈ですよね。マグマが直接噴きだして，新たな海洋プレートが生まれるところでしたね。

その通りです！
その結果，日本列島の南に**四国海盆**と**パラスベラ海盆**という新しい海域ができました。そしてそこに，大陸から分離したあとの西南日本が乗り上げたのです。

すごくフクザツですね！

そうなんですよ。
日本列島は，さらに大陸からはなれていきました。その影響で，日本海の拡大も続き，現在のような本州中央部が折れ曲がるような形になっていったと考えられています。これについてはあとからあらためてお話ししますね。こうして，約1500万年前，日本列島の前身は現在の位置に移動し，日本列島の基本的な姿ができあがったのです。

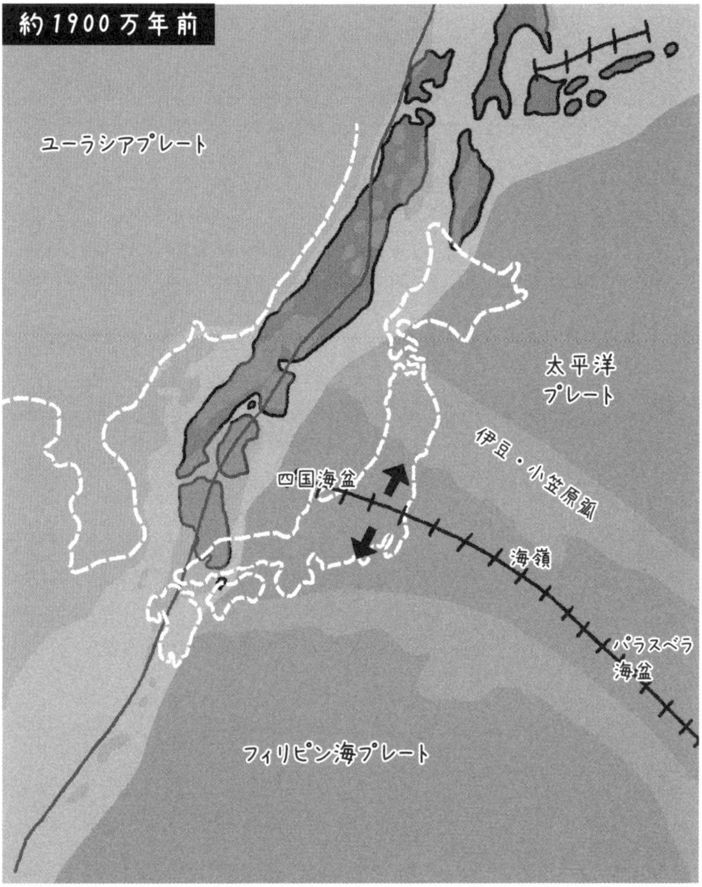

地溝帯が拡大し，海が侵入してきた。

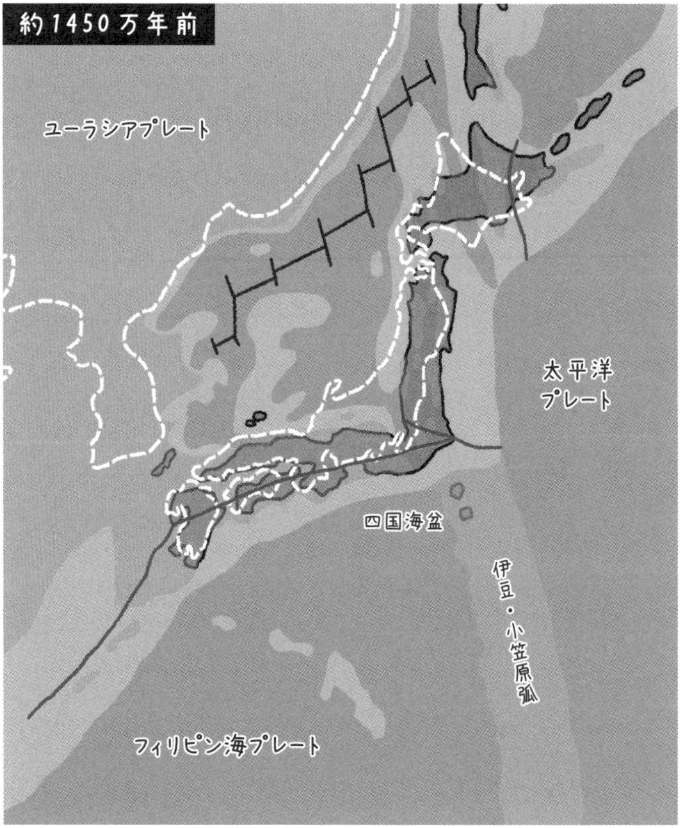

日本海の拡大が終了した。

このころは，まだ東北のほとんどが海の中なんですね。

日本列島の生い立ち③　変動の時代

さらに時は流れ，約300万年前，日本列島にもう一つの大事件が発生しました。それまで北向きに動いていたフィリピン海プレートが，突然45度の方向転換をし，北西方向に動きはじめたのです。

と，突然？

はい。この変化によって，日本列島の土台にはさまざまな地殻変動がおき，今まで海底にあった関東や東北などの東日本が隆起し，陸地となっていきます。
日本列島各地の山々を調査した結果，この時期を境に，日本は突如，山国へと変貌をとげていったことがわかっています。これが，三つ目の時代，**変動の時代**です。

ついに，日本列島が海上に姿をあらわすわけですね！

その通りです。現在の日本列島につながるさまざまな特徴的な地形の多くは，この時期につくられました。
たとえば西日本では，**中央構造線**といわれる，九州から群馬，埼玉まで続く世界有数の**大断層**に沿って，断層の横ずれ運動がおき，瀬戸内海や近畿地方には，窪地と山地が交互に続く地形が誕生したと考えられています。
一方，東日本では，東西方向に圧縮するような力がはたらき，東北地方の山地が誕生しました。
さらに，フィリピン海プレート上の伊豆諸島が日本列島にぶつかり，伊豆半島が形成されました。

どんどん今の日本っぽくなっていったんですね。

そうなんです。現在の日本の地形の誕生については，あとからもう少しくわしくお話ししますね。
この三つの時代が，基本的な日本列島の生い立ちです。

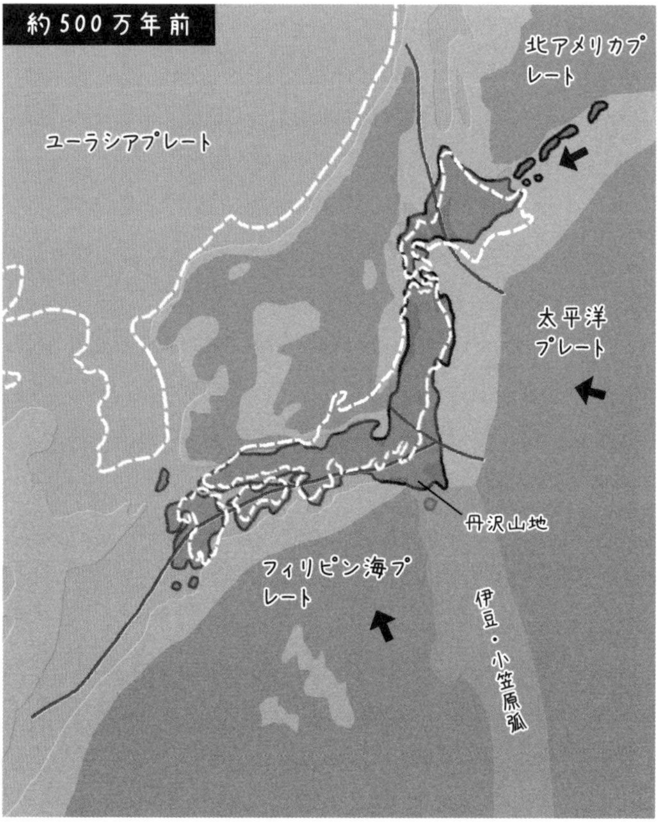

丹沢海嶺が衝突をはじめた。

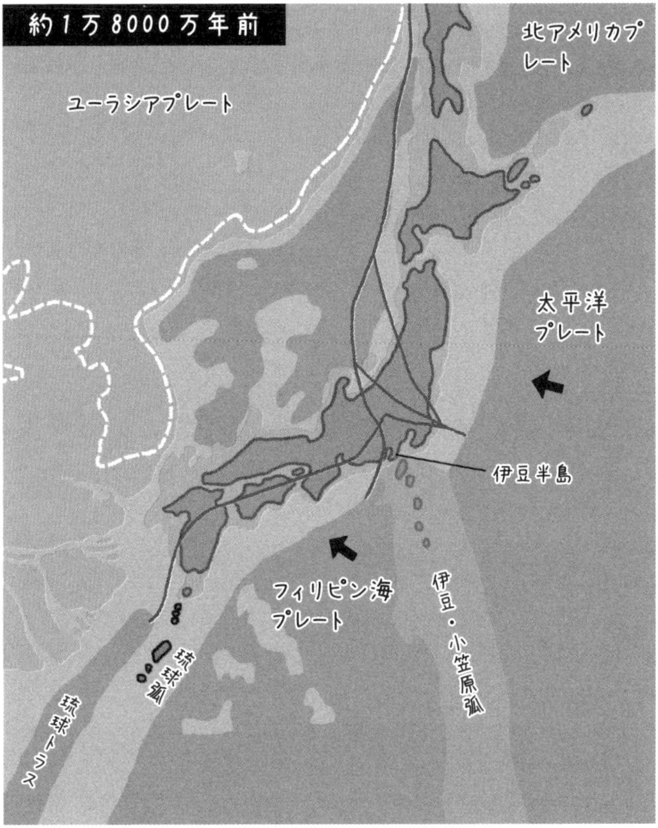

氷河時代が終わって海進が進むと，いよいよ日本列島がその姿を現す。

日本列島は，引っ張られて弓なりの形になった！

日本列島が今の形になったことはよくわかりました。大陸から切りはなされて，押し流されて，それがさらにくの字に曲げられて……。でも，なぜ日本列島は大陸から切りはなされたのでしょうか？

日本列島が大陸から切りはなされた原因として，太平洋プレートの沈みこみと**スタグナントスラブ**の形成が重要と考えられています。

スタグナントスラブ？　はじめて聞きます。

日本列島の下では，太平洋プレートは真下に沈むのではなく，斜めに沈んで深さ700キロメートルぐらいのところ（上部マントルと下部マントルの境界付近）に横たわり，中国の下の方まで広がっていることが，地震波トモグラフィーからわかっています。これがスタグナントスラブ（滞留するスラブ）です。

なぜマントルの一番下まで沈まないのですか？

いい質問ですね。下部マントルは密度が高く，また粘性も比較的高いため，スラブが沈みこみにくく滞留すると考えられているんです。
このようにして，スラブに力がかかった結果，日本列島の誕生時にスラブの根元は海側に遠ざかろうとし，表面で見ると海溝が海側に動いたと考えられています。

東アジア地下にあるスタグナントスラブのイメージ
（マントルの大部分をのぞいてえがいている）

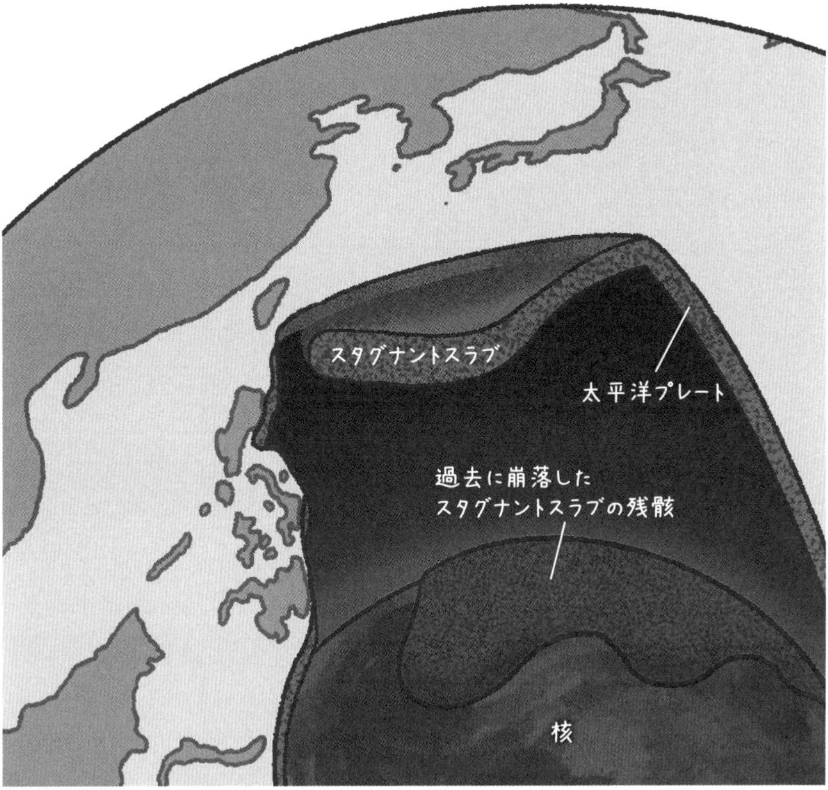

日本海溝などで沈みこんだプレートは，上部マントルと下部マントルの境界付近に沈みこんだのち，中国大陸の地下まで横たわるようにたまっていくという。

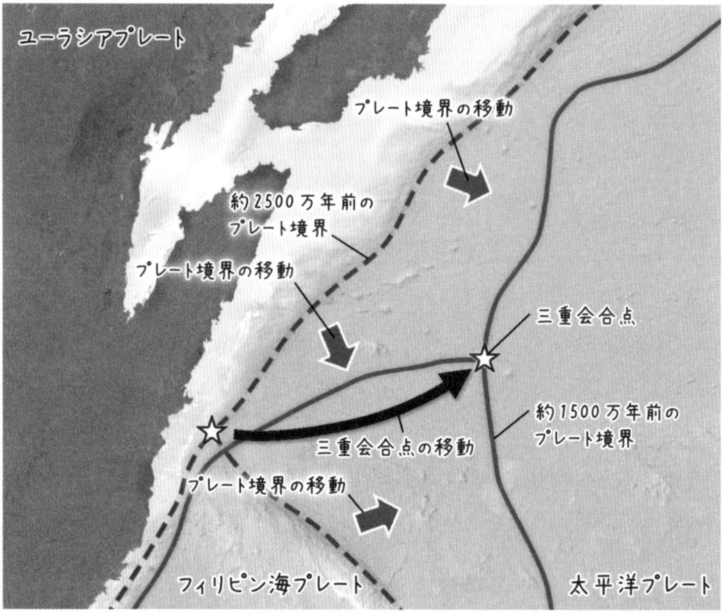

地図作成：DEM Earth，地図データ：©Google Sat

そんな動きがあったんですね。

はい。日本列島の南東には，ユーラシアプレート，太平洋プレート，フィリピン海プレートの三つのプレートが交わる**三重点**とよばれる交点があります。日本海溝が東に移動したとき，この三重会合点の位置も東へ移動したと考えられます。このとき，フィリピン海プレートにもそれまでとはちがう力がかかります。

なるほど……。

このようにして，プレート境界が移動することにともない，西日本と東日本は，別々の方向に引っ張られるようになりました。その結果，西日本は時計回りに，東日本は反時計回りに回転し，まるで観音開きのように日本が中央から引き裂かれて，くの字に折れ曲がった形になったと考えられています。

西日本と東日本が別々の方向に引っ張られたことが，弓なりの日本列島をつくったんですね。

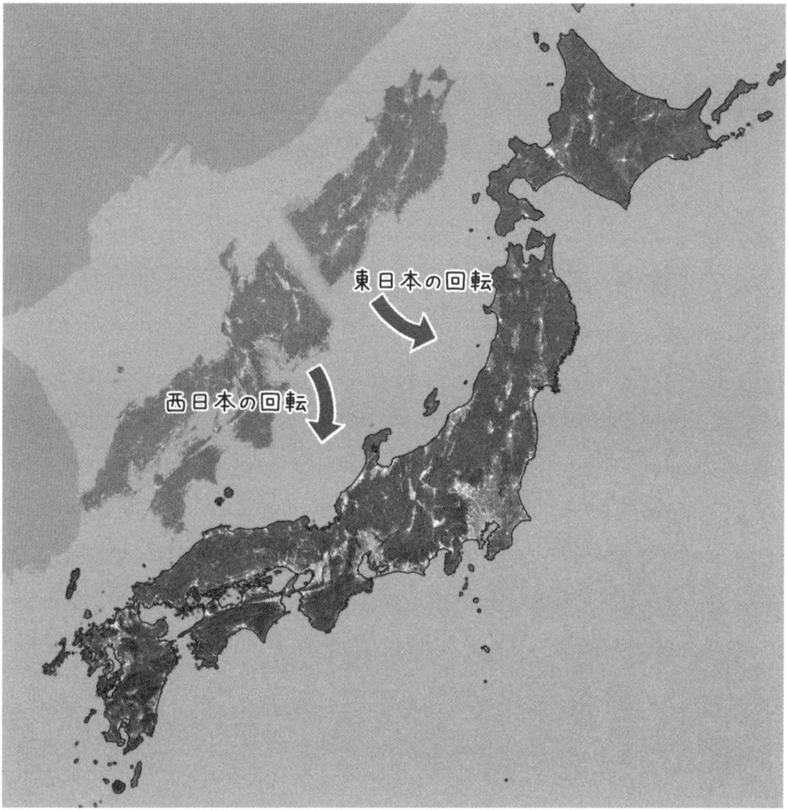

地図作成：DEM Earth，地図データ：©Google Sat

日本列島を海底から浮上させた力とは

次は，約300万年前の大変動時代について，少しくわしく見てみましょう。
このころ，フィリピン海プレートの移動方向が大きく変わり，そのことが日本を突如山国に変貌させたんです。
この出来事には，日本列島付近の複雑なプレートの位置関係がかかわっています。
先ほどもお話ししましたが，日本列島付近には，ユーラシアプレート，太平洋プレート，フィリピン海プレートが重なっています。

日本って，プレートの位置関係が複雑なんですね。

そうなんです。日本列島の南にあるフィリピン海プレートは，現在，北西に年間4センチメートルずつ移動しながら，ユーラシアプレートと太平洋プレートのあいだに沈みこんでいます。
しかし300万年前よりも前，フィリピン海プレートは，北に向かって移動していました。そして300万年前ごろ，日本列島が乗っているユーラシアプレートと太平洋プレートの隙間にはさまり，それ以上進めなくなり，そのせいで北西へと移動の方向が変わったと考えられています。
ちなみに，太平洋プレートの動きは，およそ4000万年前からほぼ変わっていません。

なるほど。行き止まりみたいになってしまったから，移動の方向が変わっちゃったわけなんですね。

はい。そして，フィリピン海プレートが北西へ移動しはじめると，太平洋プレートとユーラシアプレートの境界にある日本海溝も年間約1センチメートルずつ，西に移動するようになったと考えられています。**この大規模な海溝の移動こそが，海に沈んでいた東日本を浮上させる原動力になったのです。**

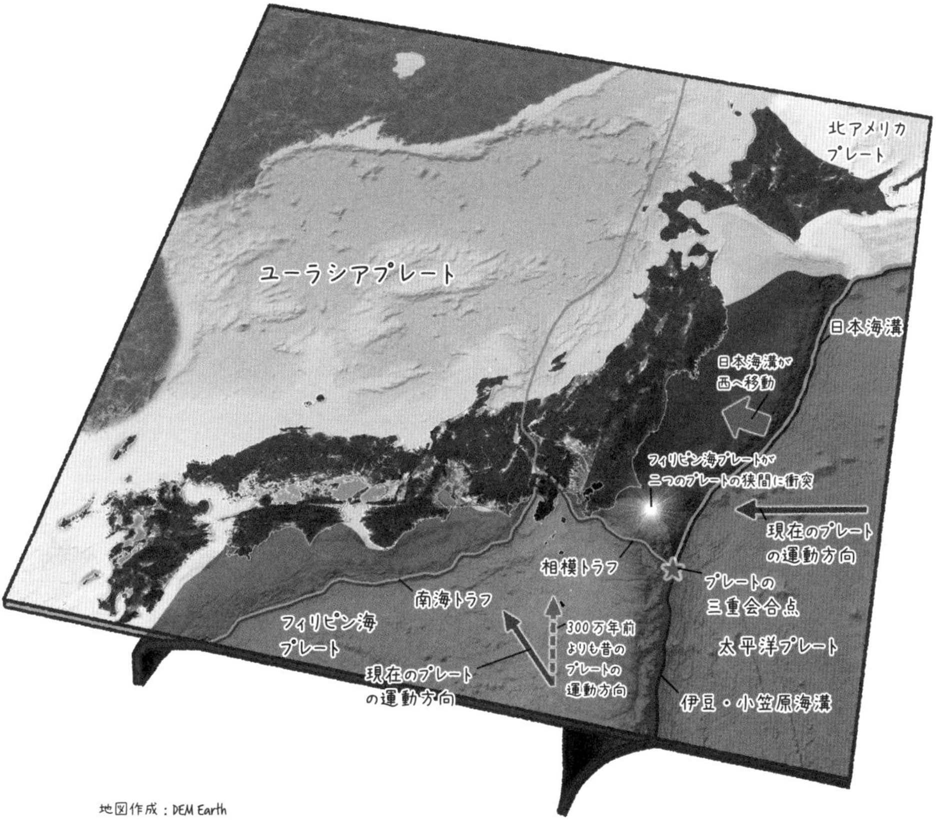

地図作成：DEM Earth
地図データ：©Google Sat
プレートの立体図：http://www.white-rabbit.jp/contents/TectonicPlatesAroundJapan/index.htmlより引用した。

日本海溝？

太平洋プレートは，日本列島が乗っているユーラシアプレートの下に沈みこんでいて，深い海溝を形成しています。この深い海溝のうち，房総沖から青森県東方沖にかけての海溝を日本海溝といいます（前のページのイラスト）。

その日本海溝の移動とともに何がおこったんでしょうか？

日本列島が圧縮されはじめました。そして，この圧縮する力が，海底に沈んでいた東日本を隆起させたのです。

東日本が，盛り上がってきたわけですか？

そうです。
そもそも日本列島の地下には，大量のマグマが眠っており，この影響で，東北地方には南北に火山がつらなっています。この南北に走る火山帯をはさんだ東北地方の東西では，岩盤の性質に大きなちがいが見られます。

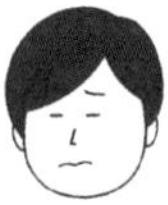

どういうことでしょう？

火山帯の岩盤は，マグマの熱や，あとで述べる深部からの流体の影響でやわらかく，変形しやすくなっています。

しかし東北地方の場合，火山帯の東側の岩盤は，火山帯の岩盤よりも冷たくかたいので，変形しにくくなっています。さらに日本海や太平洋の海底の岩盤は，マグマや深部からの流体の影響がすくないため，陸地よりもさらにかたく，変形しにくくなっています。

火山や流体によってやわらかくなった岩盤が，固い岩盤にはさまれていたわけですね。

そういうことです。そして約300万年前，このような岩盤からなる日本列島に，日本海溝の移動によって，西向きに力が加わりはじめたと考えられています。
その結果，東西をかたい岩盤にはさまれた東北地方西部のやわらかい領域が強い力で圧縮され，海底に沈んでいた東日本部分が隆起しはじめたのです。これを東西圧縮といいます。
そして，この東西圧縮によって，陸地は山脈が生まれるほど高く隆起し，日本は一気に山国へと変貌をとげていきました（次のページのイラスト）。

すごいなあ……。東北地方の真ん中にある山脈って，そうやってできたのかあ。
地球は大規模な活動をしているということでしたけど，そのダイナミックな活動から日本列島が生まれたんですねえ。

東北地方は西から押されて隆起した

東北地方の火山帯の岩盤は温かくやわらかくなっているが，その東側や日本海の岩盤は固く変形しにくくなっている。そのため，西に向かって押す力が加わることで，東北地方は隆起したと考えられている。

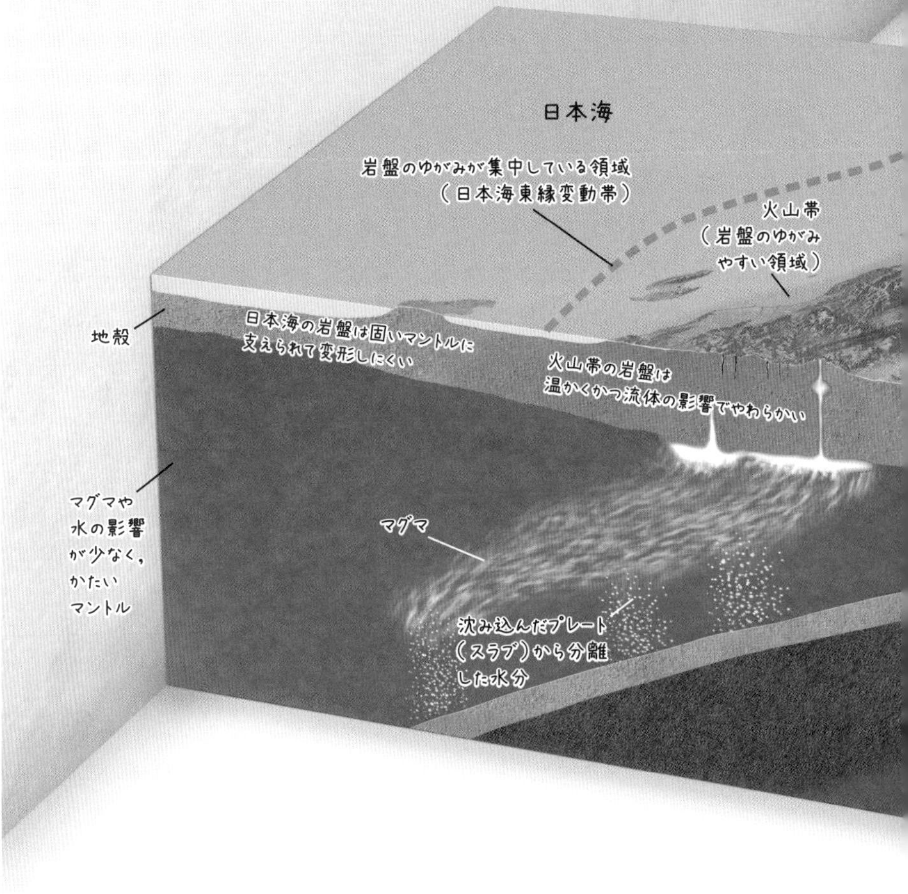

押しつぶされて盛り上がる

東西から強い力で圧縮されると，力が垂直方向に逃げるため，地面が大きく隆起する。東日本では，300万年前からさまざまな場所でこのような地殻変動が生じていると考えられている。

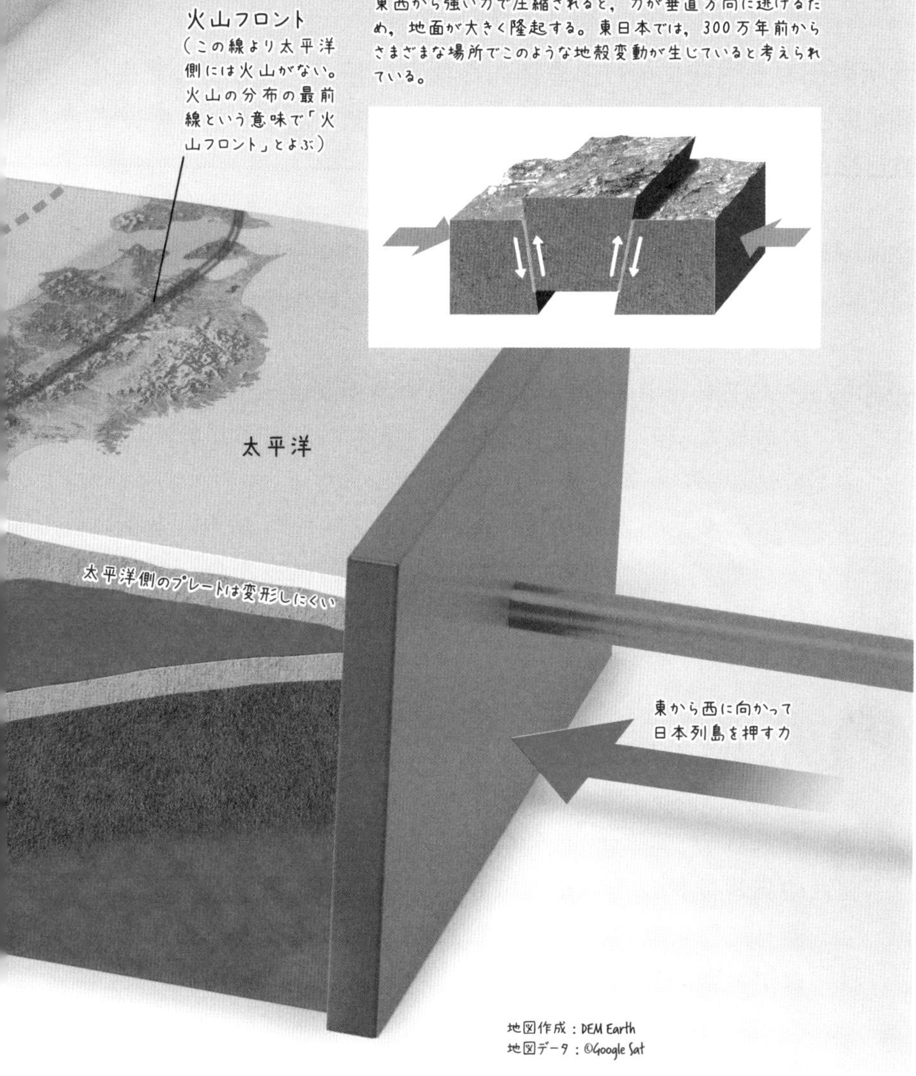

地図作成：DEM Earth
地図データ：©Google Sat

STEP 2

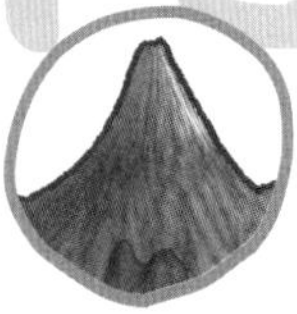

ダイナミックな地殻変動

九州東部から関東にのびる直線的な構造，日本列島に沿って長く続く火山群など，日本には特徴的な地形がたくさんあります。それらはどのようにできたのでしょう?

関東から九州に至る「中央構造線」はなぜできた?

今まで見てきたように，日本列島が誕生した背景には，大規模なプレート運動のほか，日本列島がおかれている複雑なプレートの構造が関係しています。
そのため，日本列島には，特徴的な地形が数多く生まれました。ここからは，それらのうち，代表的なものについて見ていきましょう。
まず最初にご紹介するのは，**中央構造線**です。

何だか鉄道みたいな名前ですね。

ハハハ！　確かにそうですね。
中央構造線は，九州東部から四国北部，紀伊半島北部を通り，関東地方に至る，総延長1000キロメートルにもおよぶ大断層です。

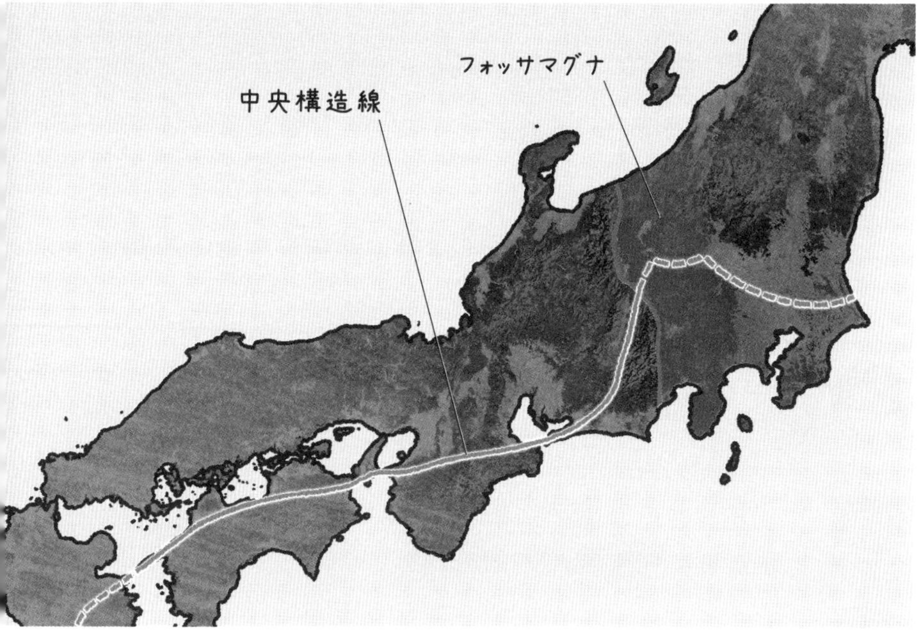

地図作成：DEM Earth, 地図データ：©Google Sat

1000キロメートル！

すごい距離ですね。ところで，地震のニュースなどで断層ってよく耳にします。断層って，地盤が割れてるということですよね。日本列島の地下には，そんなに巨大な割れ目があるわけですか……。

そうですね。
正確には，断層とは，岩石を歪ませる力によって割れ目が面状に発達し，その断面がすべることで地質にくいちがいがおきた状態のことです。

割れて，なおかつずれた状態なんですね。

そうです。中央構造線をはさんで，まったくちがう二つの地質が接しています。
中央構造線の北側の地域は**内帯**，南側の地域は**外帯**とよばれます。

そんな巨大な断層，一体いつ，どうやってできたんですか？

中央構造線の原型ができたのは，日本列島がまだ大陸の一部だった時代（大陸の時代）のことです。

そんな大昔ですか！

はい。STEP1で，日本列島は，かつてユーラシア大陸の東端の一部で，およそ1億5000万年前から数千万年前までは，ユーラシアプレートにはイザナギプレートが沈みこんでいたことをお話ししましたね。
その時に生じた大きな断層が現在の中央構造線の原型です。

なるほど。

そのころ，ユーラシアプレートの下には，イザナギプレートが北西から北方向に移動しながら沈みこんでいました。

イザナギプレートは大陸の縁に対して斜め向きに沈みこんでいたため，大陸の縁には，北向きに引きずるような力がかかりました。
その結果，地層の**横ずれ運動**が発生して，ユーラシア大陸の東端の地域では，南北方向に沿って巨大な断層がたくさんできたのです。この断層を含んだまま大陸から分離していき，現在の中央構造線となったと考えられています。

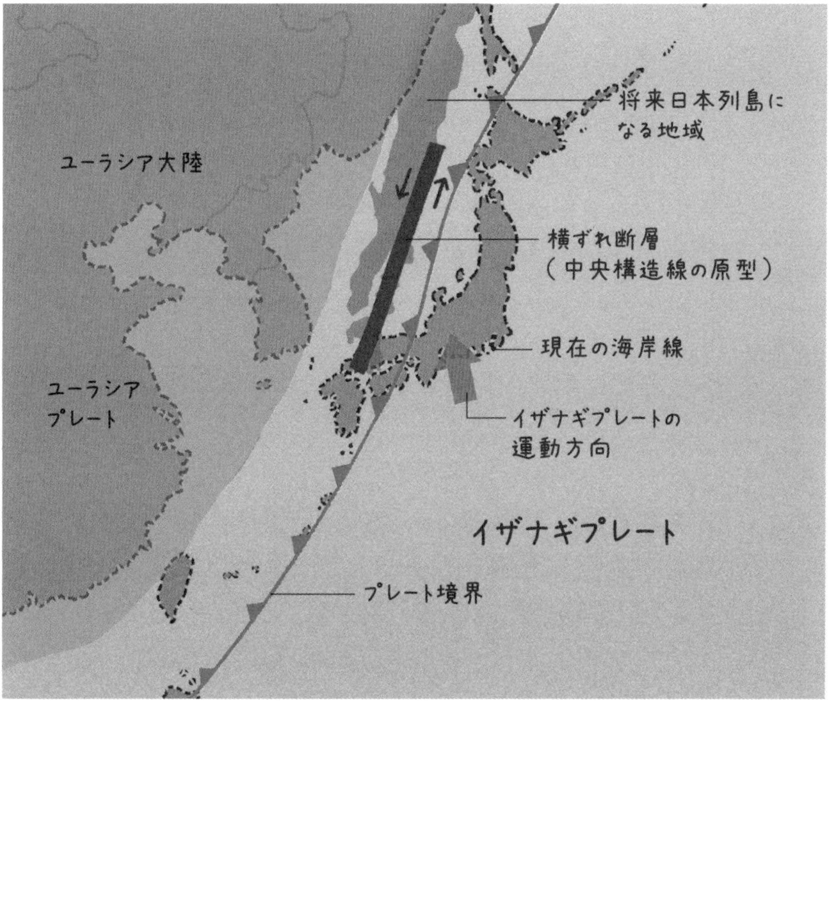

壮大なストーリーですね……。中央構造線は，大陸時代の名残りというわけですか。

そうなんですよ。しかし，まだまだ続きがあります。
その後，いくつもの時代を経て，今から約300万年前ごろ，中央構造線が存在感を示しはじめるのです。

先生！　300万年前って，日本が急に山国になったりした，激動の時代ではないですか!?

おっ，さえていますね。その通りです。
おさらいになりますが，この時期にフィリピン海プレートの運動方向が，北から北西へと変化しました。この変化によって，まるで古傷がうずくかのように，中央構造線がふたたび横ずれ運動をおこしたのです。
そして，この中央構造線の動きによって，中央構造線の周辺，とくに北側に多くの**活断層**が生まれた可能性があります。

活断層というと，活動している断層ということですか？

ざっくりいうとそうですね。
活断層とは，断層のうち最近の地質時代に活動し，今後も活動すると予想されるもので，ときに大きな地震を引きおこすことがあります。
中央構造線のうち，近畿から四国を横切り大分にかけての部分は活動度が高く，中央構造線断層帯とよばれる活断層です。

ポイント！

断層にも種類がある

横ずれ断層

断層面が垂直で，割れた岩盤が断層面を境に水平にずれる。

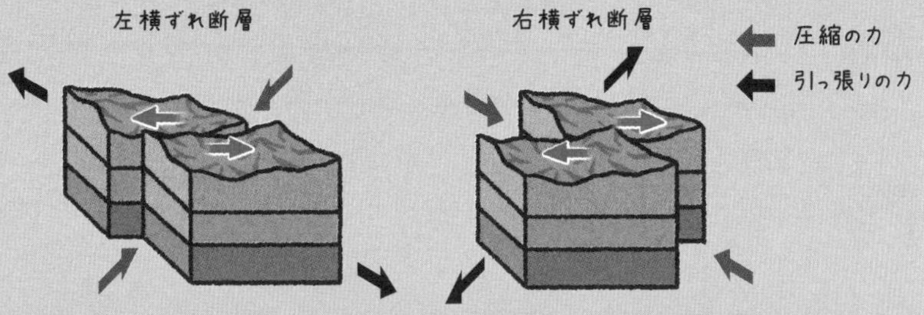

縦ずれ断層

断層面が傾めで，割れた岩盤がそれぞれ上下方向にずれる。斜めの割れ目の上側を上盤，下側を下盤という。

①正断層……上盤がずり下がる。

②逆断層……上盤がのし上がる。

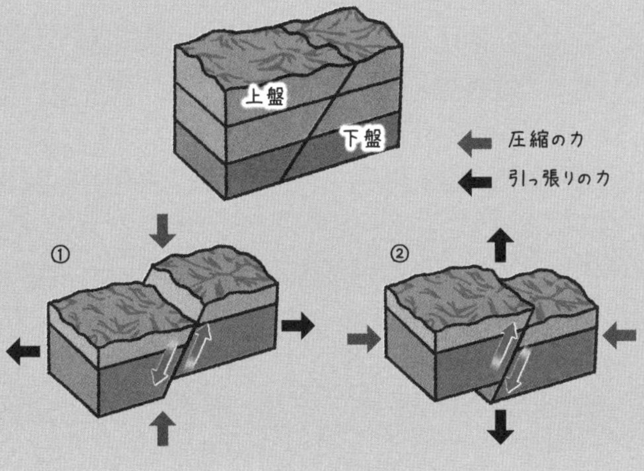

本州に横たわる深さ6000メートルごえの「溝」

次にご紹介するのは，日本列島の本州を縦に走っている**巨大な溝**です。この巨大な溝によって，日本列島は東と西に二分されているのです。

ええ〜っ！　そんな日本列島を分断するような巨大な溝があるなんて，この歳になるまで知りませんでしたよ。

おどろいたでしょう。
この巨大な溝は，**フォッサマグナ**とよばれています。ちょうど新潟から伊豆半島にかけての地域にあります。

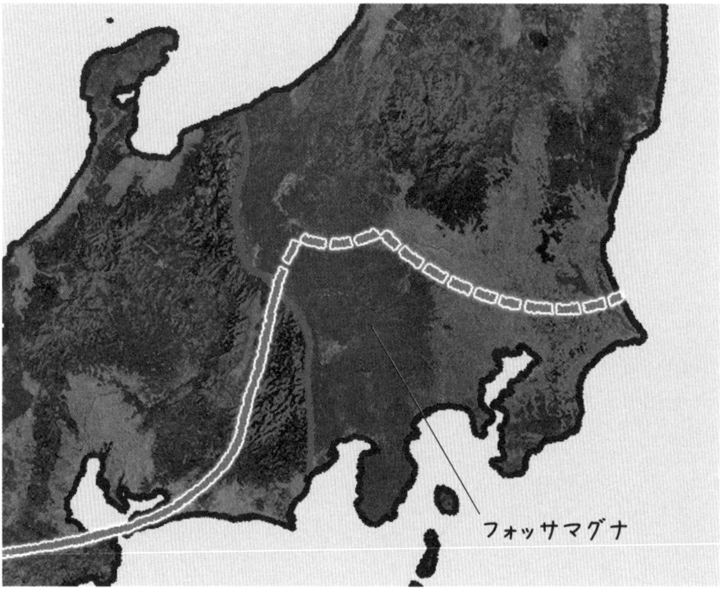

地図作成：DEM Earth, 地図データ：©Google Sat

このフォッサマグナを発見したのは，ドイツの地質学者**ハインリッヒ・エドムント・ナウマン**（1854～1927）です。

ハインリッヒ・エドムント・ナウマン（1854～1927）

ナウマンって，あの，ナウマンゾウを発見した……？

そうです。1万5000年ほど前まで日本に生息していた**ナウマンゾウの化石**を発見しました。
ナウマンは明治政府に招聘され，地質学の教師として来日しました。来日した当時，ナウマンはまだ20歳の若き研究者だったんですよ。
それから約10年間の在日中，地質学を教えるかたわら，膨大な量の地質調査をおこない，日本列島の地質的な構造の研究において，さまざまな業績を残したんです。
実は，先ほどお話しした中央構造線もナウマンが発見したものです。

ナウマンさんって，すごいですね！

そうなんです。ナウマンは，日本の近代地質学の発展に大きく貢献したことから，**日本の地質学の父**とよばれています。

巨大な溝の存在にいち早く気づいたナウマンは，ドイツに帰国後，本州を二分する巨大な溝について考察する論文を発表し，Fossa《フォッサ》 Magna《マグナ》（ラテン語で“巨大な溝”）と名づけたのです。

中央構造線といい，フォッサマグナといい，とてつもない発見ですね……。

そうですね。
フォッサマグナもまた，日本列島が大陸から分裂する時期につくられました。今から約2500万年前に日本列島が大陸から切りはなされたとき，東日本は反時計まわりに，西日本は時計まわりに回転しながら，現在の日本列島の位置に移動してきたとお話ししましたね。

はい。観音開きみたいに，東日本と西日本が回転しながら移動したんですよね。

その通りです。**このとき，扉が開くかのように，西日本と東日本のあいだにできた深く幅広い溝がフォッサマグナの正体ではないか，と考えられています。溝は比較的新しい堆積物・地層や火山・噴出物などで埋められていますが，その底は深さ6000メートル以上と推定されています。**

深さ6000メートル以上!?
そんな深い溝があったなんて，聞いてませんよ！

フォッサマグナは，実際に目に見えるわけではないんです。なぜなら，現在は堆積物によって埋められて，平らになっているからです。

1. 大陸の時代

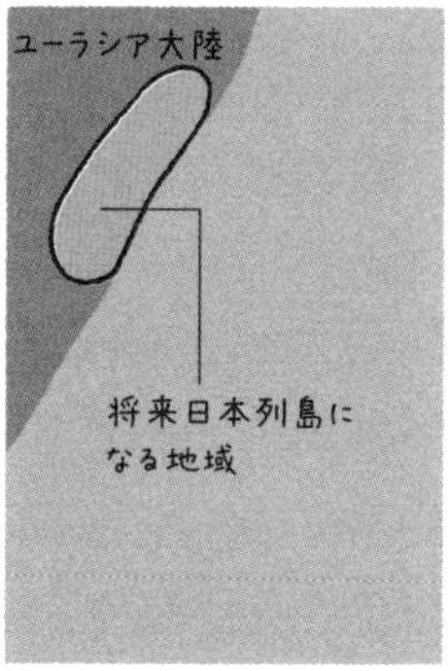

①日本列島はかつて大陸の一部だった。

2. 東北日本と西南日本が回転しながら移動

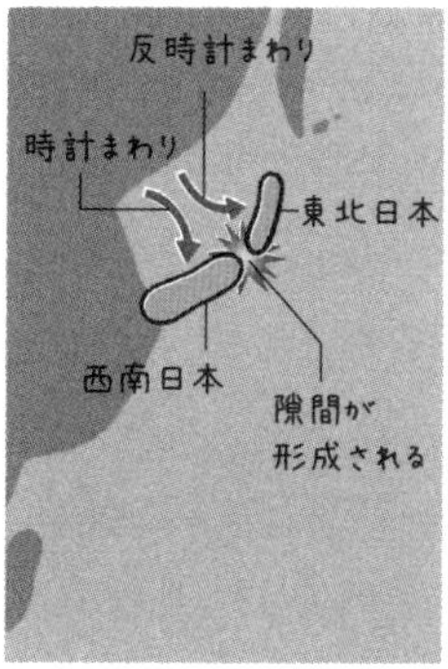

②約2500万年前に、ユーラシア大陸の東端にできた裂け目が広がっていき、東北日本のもとになった島と、西南日本のもとになった島が大陸から分裂し、それぞれ反時計まわり、時計まわりに回転しながら、観音開きのように移動した。その結果、東北日本と西南日本のあいだには大きな隙間（深く幅広い溝）ができた。

3. 溝が埋まりフォッサマグナができる

③約1500万年前に、日本列島が現在の位置にきた。移動してくるあいだに、この隙間が堆積物などで埋められていき、フォッサマグナが形成された。

フォッサマグナの構造とは

フォッサマグナの構造を知るため，フォッサマグナがある本州の真ん中部分に，東西方向にメスを入れてみましょう。下のイラストは，フォッサマグナにメスを入れた部分で，次のページのイラストは，その断面をえがいたものです。

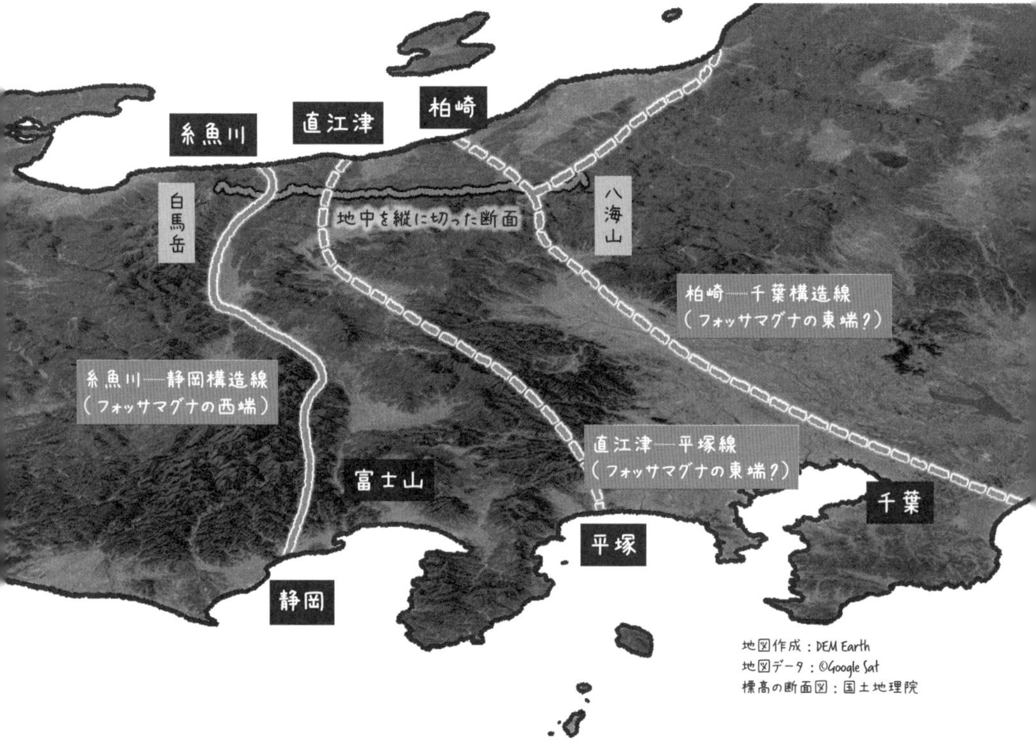

地図作成：DEM Earth
地図データ：©Google Sat
標高の断面図：国土地理院

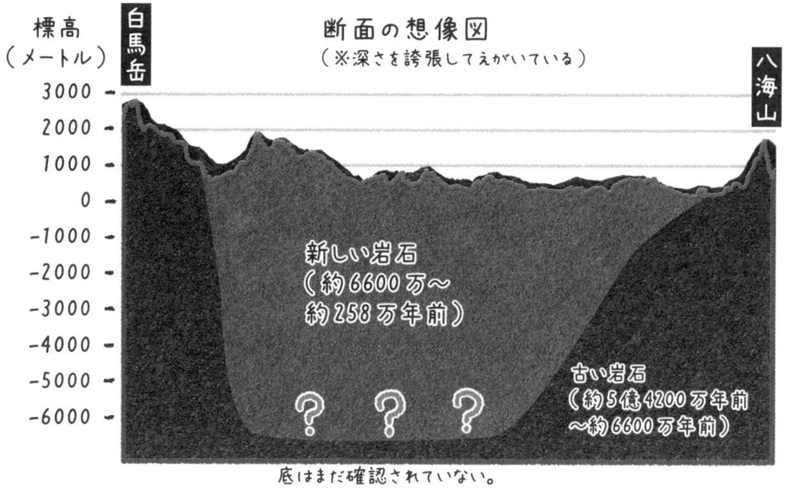

えっ，こんなに堆積物がたまっているんですか？　というか，ほぼ堆積物ですね。東西が，地下深くでつながってるような……。

この断面では，古い岩石（約5億4200万～約6600万年前）でできた溝の中に，新しい岩石（約6600万～約258万年前）が詰まった構造をしています。
溝の深さは，先ほどお話ししたように6000メートル以上におよぶと考えられています。また，溝の距離は新潟県から伊豆半島にもおよび，ほぼ本州を分断するほど巨大です。

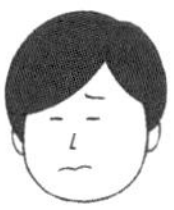

むむむ……。私たちの足元に，こんな溝が存在していたとは……。ナウマンさんは，とんでもないものを発見したんですね。

でも，フォッサマグナは埋まっていて目に見えないんですよね。ナウマンさんはなぜ，巨大な溝があるなんていう発想を得たんでしょう。

フォッサマグナの西端は，新潟県糸魚川市と静岡県静岡市を結ぶ断層群**糸魚川―静岡構造線**で，その西側には日本アルプスの3000メートル級の山々がつらなっています。ナウマンは，長野県から西を眺めたとき，山脈が壁のようにそびえ立つ特異な景色におどろき，強い感動を覚えたそうです。

そして，**「この“山肌”は地中深くまで続いていて，私は今，その溝が埋まった地面に立っているのでは」と考え，フォッサマグナの存在を提唱するに至ったといいます。**

さぞかし荘厳な眺めだったでしょうね。まさに日本独特の山岳地帯ですもんね。そこから地中深くにまで思いを馳せて，本州を分断するほどの巨大な溝を探り当てるなんて……。すごいロマンを感じてしまいます。

フォッサマグナはなぜできたのか

ナウマンは，フォッサマグナの存在に気づいたものの，もちろん，当初はそれがなぜできたのかについてはわかっていませんでした。1885年に日本での任期を終えたナウマンは，ドイツに帰国したのち，すぐさまフォッサマグナの存在と，その形成シナリオについての論文を発表しました。しかし，この論文はのちに，多くの地質学者を巻きこむ**大論争**へと発展したのです。

えっ！　反論した人がいたんですか？

はい。しかし，この論争こそが，冒頭にお話ししたような，日本列島形成史の解明へとつながっていったのです。
まず，ナウマンの仮説を見てみましょう。ナウマンが唱えた説は，次のようなものでした。
「かつて日本列島が形成されつつあったころ，本州のモトとなる地域が南に向かって移動していた。その移動の最中に，南北につらなる太平洋の島々『伊豆・小笠原弧』（現在の伊豆諸島）と衝突。この衝突によって，本州の中心部に大きな裂け目ができ，フォッサマグナが形成された」。

ナウマンは，本州が伊豆諸島に衝突して，その影響でフォッサマグナができたと考えたんですね。

そうです。ところが，この仮説に反論する者が登場したのです。それが，ヨーロッパで研鑽を積んで帰国した日本人の地質学者**原田豊吉**（1861〜1894）です。

日本人の地質学者が反論したんですね。
どのように反論したんでしょう？

原田豊吉の説は，次のようなものです。
「本州はもともと二つの島弧（島のつらなり）でできていて，東側と西側の島弧が衝突・合体することで，本州を分断するように見える溝ができた」。

原田豊吉さんは，本州はもともと二つに分かれていて，それが合体してフォッサマグナができたと考えたわけですか。
うーん。正反対ですね。

19世紀の終わりにおきたこの論争は，**ナウマン―原田論争**として，地質学者たちを巻きこみながら大きく発展していきました。
そして，このフォッサマグナ形成の謎，ひいては日本列島形成の謎を多くの人に考えさせる発端となったのです。

フォッサマグナを境に本州が折れ曲がった!?

ナウマン―原田論争からおよそ100年，地質学の発展によって，フォッサマグナ形成の歴史にせまる多くの証拠が得られるようになりました。
その一つが，日本全国の岩石に残された過去の地磁気の“記憶”，**古地磁気**です。

古地磁気？　初めて聞きます。一体何ですか？

古地磁気とは，古い岩石の中の磁気の方向を調べる方法のことです。地球は北極が**S極**，南極が**N極**の巨大な磁石であり※，その磁場（地磁気）の影響で方位磁針は北を指します。

※：長い年月で見ると，地球の地磁気は一定ではなく，N極とS極が入れかわる逆転現象がくりかえされてきました。

しかし，火山の噴火によって噴出したマグマが冷え固まるときや，水中で粒子が堆積するときなどに，それらに含まれる鉱物の粒子が小さな**方位磁針**としてふるまい，地磁気の方向に沿って固定化されることがあるのです。

そうなんですか!?　不思議……。

そしてその後，陸地が移動すると，岩石がその地域ごと回転するので，岩石中の小さな方位磁針が指し示す方向（古地磁気）は，南北方向からずれていくことになります。このずれを調べることで，岩石ができた当時から，その地域がどれくらい回転したのかを推測できるのです。

ひえ～！　すごい！　よくそんな方法を思いつきますね。

面白いでしょう。
調査されたのは，フォッサマグナが形成されたとされる1500万年前より前にできた岩石の古地磁気です。
すると東日本の岩石では“方位磁針”が反時計まわりに傾いていて，西日本の岩石では時計まわりに傾いていることがわかったわけです。

「東日本は反時計まわりに，西日本は時計まわりに回転しながら移動してきた」というお話でしたね！

そうです。このことから，日本列島が折れ曲がって形成されたとする**観音開き説**が提唱されました。

古地磁気のずれを調べることで，岩石ができた当時からその地域がどれくらい回転したのかを推測することができる。

岩石に，当時の地磁気が記憶されるしくみ

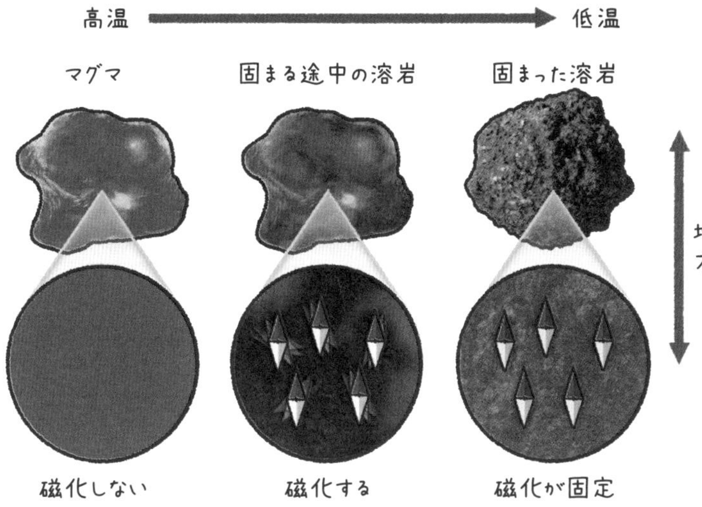

マグマが冷えて形成されつつある，まだ高温の玄武岩の中では，鉱物粒子が小さな方位磁針となり，地磁気に沿って並ぶ。その後，岩石が冷えると，小さな方位磁針の向きが固定化され，地磁気を記憶する。

「東西の日本列島のモトがそれぞれ回転して，観音扉が開くように折れ曲がっていった」わけですね。
そして開いた部分にフォッサマグナができたのではないかと……。

そうです。
こうして，古地磁気が示した証拠によって，ナウマンと原田のどちらの説ともちがう，現在の日本列島形成史につながる，新たなシナリオを考えるヒントになったのです。

フォッサマグナは南北で地質がちがう

フォッサマグナがなぜできたのかと同時に，約6000メートル以上もの溝がどうやって埋まっていったのかも気になります。

そうですね。どうやって埋まっていったと思いますか？

6000メートルの深さを埋めるんですからね。
そのそばには山脈がつらなっているということですから，やっぱり火山がドッカンドッカン噴火して，大量の溶岩が流れこんだとか……。

おっ，いいところをついていますね。
確かに，フォッサマグナは，妙高山や富士山など数多くの火山がつらなった火山帯です。
噴火によってマグマが地表に噴出すれば，固まって火山岩ができ，それが地面を盛り上げます。

おお！　やっぱり噴火なんですか。

はい。しかし，フォッサマグナは噴火をくりかえすことだけで埋まっていったわけではないんです。
フォッサマグナの地質をくわしく調べたところ，おおよそ諏訪湖を境とした北部と南部で，特徴が大きくことなることがわかりました。**つまりフォッサマグナは，その北部と南部で「溝を埋めたもの」がちがうのです。**

フォッサマグナの地質は南北でちがう

北部フォッサマグナは，主に火山岩と堆積岩でできています。一方で，南部フォッサマグナはサンゴなどの化石が含まれた火山岩でできています。

地図作成：DEM Earth，地図データ：©Google Sat

溝を埋めたものがちがう？

まず北部フォッサマグナは，主に火山岩と，砂や泥が積もってできた堆積岩でできています。また，ある時期には深海であったこともわかっており，**北部フォッサマグナは，深い溝の中につらなっていた海底火山が何度も噴火して形成された火山岩や，溝の東西から堆積物が供給されることによって埋まっていったと考えられます。**

北部は溝の中の噴火やすぐそばにあった物質で埋まったんですね。

はい。一方，**南部フォッサマグナ**はちょっとちがっています。
南部フォッサマグナの堆積物は，主に火山岩でできていますが，サンゴなどの“南の海の化石”が多く発見されたのです。このことから，南部フォッサマグナにある火山岩は，伊豆—小笠原列島をつくっていた海底火山の噴出物であることがわかってきました。
南部フォッサマグナは，フィリピン海プレートの北上にともなって移動してきた伊豆—小笠原列島が，フォッサマグナの南部に次々と衝突して押しこまれることで，溝が埋まったと考えられるのです。

1500万年前ごろのフォッサマグナ周辺の想像図
本州を分断するフォッサマグナの溝を介して，かつて日本海と太平洋はつながっていたと考えられている。

北部フォッサマグナの形成シナリオ

かつてフォッサマグナの溝は海底に沈んでいた。海底火山の噴火と山から流れでた土砂の堆積によって溝が埋められ，現在のような地形が形成されたと考えられている。

南部フォッサマグナの形成シナリオ

フィリピン海プレートの北上にともない，伊豆・小笠原弧の島々が本州に衝突し，押しこまれる。これが次々とおこり，丹沢山地，御坂山地，そして富士山などの山々がつくられ，さらに，中央構造線がハの字に曲げられた。

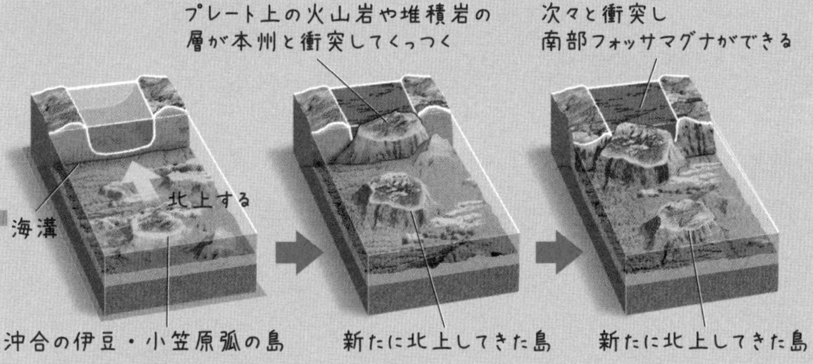

いわば島の玉突き衝突で溝が埋まったというわけですか。

はい。日本列島が大陸から分離しつつ，東西に割れ，さらにそのあいだの溝が南からの別の列島の衝突で埋められるなんて，とてもダイナミックです。これは，たがいにせめぎ合う複数のプレートに，日本列島がまたがっているからおこったといえるでしょう。

なるほど，日本列島はどんどん姿を変えてきたのですね。

瀬戸内海の瀬戸と灘は大地のしわ

さて次に，**瀬戸内海**に目を移してみましょう。
瀬戸内海の地形をよく観察すると，半島が突きだしたり島が点在したりする地域である**瀬戸**（あるいは海峡）と，島が少ない海域である**灘**が交互にくりかえされています。このうち瀬戸は地面が盛り上がった**隆起帯**で，灘は窪んだ**沈降帯**の地域といえます。

瀬戸内海って，小さな島々が点在している，おだやかな地域という印象でしたが，そんな特徴的な地形だったんですね。

そうです。四国―中国地方間には，**しまなみ海道**，**瀬戸大橋**，**明石海峡大橋**，**大鳴門橋**などの連絡橋がありますが，これらはすべて瀬戸にあります。

出典：神戸大学客員教授　巽好幸博士提供の資料をもとに作成

本当だ。隆起しているところと，瀬戸や平地・盆地が交互にありますね。

そうでしょう。この，近畿地方から瀬戸内海にかけてみられる，この起伏に富む**しわ**のような地形は，STEP1でお話しした，フィリピン海プレートの方向転換によってもたらされた可能性があります。

300万年前の，変動の時代でしたね。今まで北向きに移動していたフィリピン海プレートが，北西方向に変わったんでしたね。

そうです。フィリピン海プレートの北向きの動きに西向きの力が加わることで，西日本では，西方向へ引きずるような力がはたらき，この影響で，中央構造線が横ずれ運動をおこしたんです。

このとき，中央構造線の南側は，フィリピン海プレートの西向きの動きに引きずられて，西向きに動きました。

ふむふむ。

その結果，中央構造線付近の北側一帯に，斜めのしわが複数発生した可能性があります。
布を机に置き，上辺を手で押さえて固定して，下辺を左に引っ張ってみてください。斜めのしわがたくさんできるでしょう。そのようなイメージです。
実はフィリピン海プレート自体に，東西方向の大きなうねりがあり，それらが琵琶湖や紀伊半島・紀伊水道など，大きな構造と関係しているのではないか，という考えもあります。上にのべた瀬戸内海のできかたも含めて，さらに研究が必要なのです。

乞うご期待，ですね。

伊豆半島の衝突が富士山を生んだ

日本の象徴といえば，まず何を思い浮かべますか？

そりゃあ，**富士山**でしょう！
世界遺産にも登録されましたからね！

そうですね。この日本のシンボル，富士山が生まれたのも，二つの点でプレート活動が影響しているんですよ。**一つ目は富士山の土台となる基盤岩です。実は富士山の基盤は，本州に伊豆半島が衝突することによってつくられたのです。**

本州に，伊豆が衝突？

はい。時代は約1500万年前にさかのぼります。
先ほどお話したフォッサマグナに向かって，**御坂山地**や**丹沢山地**の基盤となる海底火山群（海山群）が，フィリピン海プレートに乗って北上を続け，移動の影響で盛んに噴火をくりかえしながら本州にせまっていました。
御坂山地は，現在の甲府盆地と富士山の北麓をへだてるように東西にのびる山地で，丹沢山地は，神奈川県北西部に広がる山地です。

海底火山群が噴火しながらせまってくるなんて，おそろしいですね。

そうですね。そして，さらにそのうしろには，将来**伊豆半島**となる海底火山群も続いていたんです。

次々に押し寄せていたんですね！

はい。御坂山地や丹沢山地のもととなる海底火山群は，約600万〜500万年前に本州に衝突し，海底火山群は本州の縁に削りとられて，本州の一部に付加していきました。そして，あとから続く伊豆の海底火山群に押され，海底地層を形成しながら，少しずつ本州を押し上げていったのです。

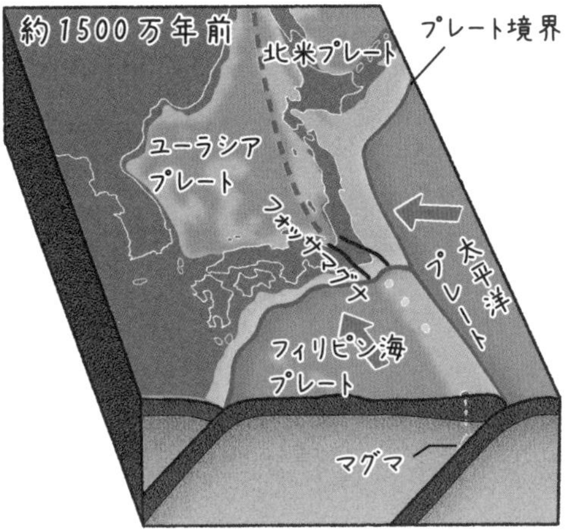

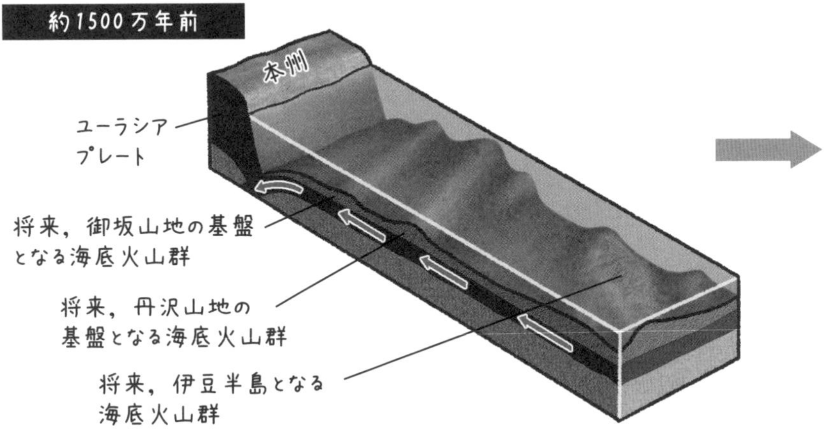

最初の海底火山群は，本州に衝突して，付加体になったわけですか。

そうですね。
一方，伊豆のもととなる海底火山群は，本州へと北上を続けながら活発な火山活動によって成長し，その一部は海上に顔を出して，火山島を形成しました。
そして，約200万〜100万年前，これらの海底火山群の衝突がはじまりました。火山群が本州に近づくにつれ，その影響で海底地層が圧縮されて隆起し，少しずつ陸化していきました。そして，約100万年前には，伊豆の大部分が陸化し，本州とのあいだに**海峡**が形成されました。

伊豆と本州のあいだには，海峡があったんですね。

そうです。同時に，先に本州に衝突して本州にくっついていた部分は，伊豆の衝突に押され，ますます隆起していきました。

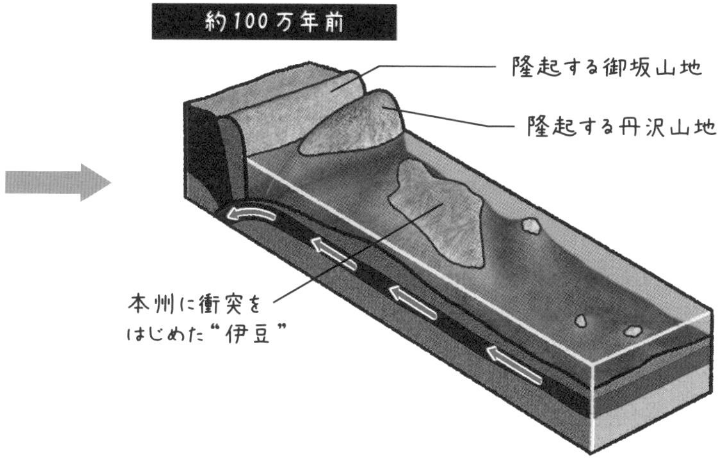

まるで海底火山群の玉突き衝突ですね。

そうですね。そして，約60万〜50万年前ごろ，北上を続けていた伊豆が，ついに本州に衝突しました。その際，本州に付加していた海底火山群がさらに本州を押し上げて隆起し，御坂山地や丹沢山地となったのです。
また，海峡の海底地層も衝突によってはげしく圧縮されて隆起し，陸化していきました。こうして徐々に海峡が盛り上がって陸化していき，伊豆半島となったのです。

伊豆半島って，そうやってできたんですね。

伊豆半島が出現したのち，陸上の火山群は活発な噴火活動をくりかえしました。

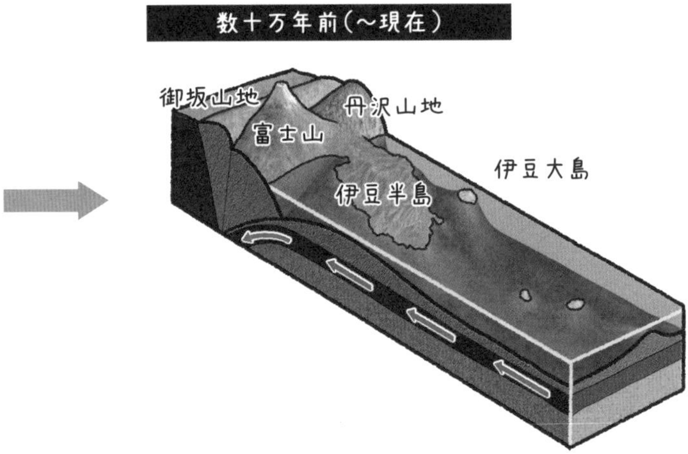

その結果，伊豆半島の付け根からその北にかけての地域で，**箱根山**や**愛鷹山**《あしたかやま》，**先小御岳火山**《せんこみたけかざん》などの火山が，約65万年前以降，次々と生まれました。しかし，これらの火山活動は，衝突してきた海底火山の活動の続きではなく，東から沈みこんできた太平洋プレートと関連します。

えっ？　海底火山の活動がそのまま衝突して続いているのではないのですか？

はい，土台となる基盤が衝突でつくられたことと，その上でおこる火山活動は，ことなる二つのプレート運動が原因です。この火山活動は，現在も続いています。たとえば，先小御岳に続いて小御岳，そして現在の富士山の活動へと続き，富士山は現在の高さにまで成長していったのです。富士山については，2時間目でまたくわしく見ていきましょう。

富士山ができるまでには，壮大なストーリーがあったんですね。

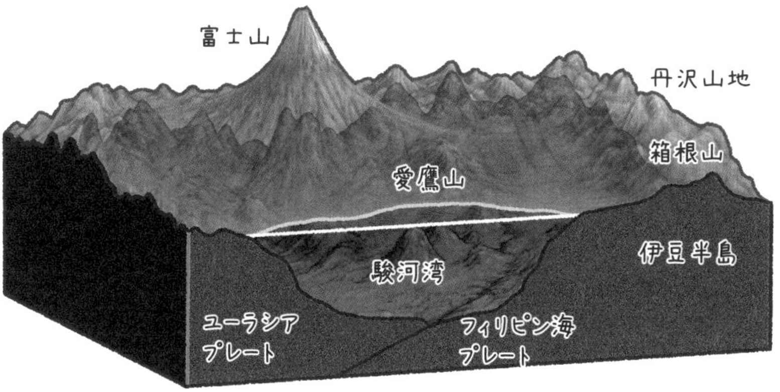

※イラストは，高さ方向に強調してえがいている。

日本列島は将来どんな形になる?

日本列島の地形がいろいろな地殻変動によって生まれたことがよくわかりました。でも，そうした動きをおこした要因であるプレート運動は，今も続いているわけですよね。ということは，今後も日本列島には大きな変化があるかもしれませんよね。ちょっと，不安になってしまいました。日本列島って，将来どうなるのか，**未来図**みたいなものはあるんですか？

そうですねえ。確かにプレート運動は続いていて，将来はこんな地形になるだろうというものはいくつかあります。日本列島で，はるかな将来考えられる変化としては，**中部海峡の出現，九州の分裂，伊豆半島の巨大化**などの可能性が指摘されています。

どれも衝撃的ですね……。

そうですね。まず「中部海峡の出現」から見ていきましょう。**本州は将来，海峡によって二分されるかもしれないという指摘です（次のページのイラスト）。**

うわ〜！ 真っ二つですね！

実は約400万～300万年前から，伊勢湾から琵琶湖を経て若狭湾にまで至る地域に，中部沈降帯とよびうるような地帯があるのではないか，と提唱されています。

中部沈降帯？

はい。この地域の地下では，沈みこむプレートに引きずられて，地殻が下向きに引っ張られて，地質学的な長い時間スケールでは，沈降しているのではないかという指摘があります。

イラストでは，琵琶湖がなくなっちゃってますね。これはいつごろおきると考えられているのですか!?

残念ながら，この変化が本当におこるのか，またおこるとしてもいつおこるのか，まだはっきりとはわかっていません。

でもこわいなあ…。

「九州の分裂」も同様で，**九州も将来分裂してしまう可能性が指摘されています（次のページのイラスト）。**
九州には**別府―島原地溝帯**とよばれる，標高の低い帯状の地域があります。これが年間1センチメートル近くの速度で広がっていき，最終的には九州を分断する可能性があるのではないか，というものです。

年間1センチメートルか。
100年で1メートルか……何だか，日本列島がだんだん小さくなっていくような……。

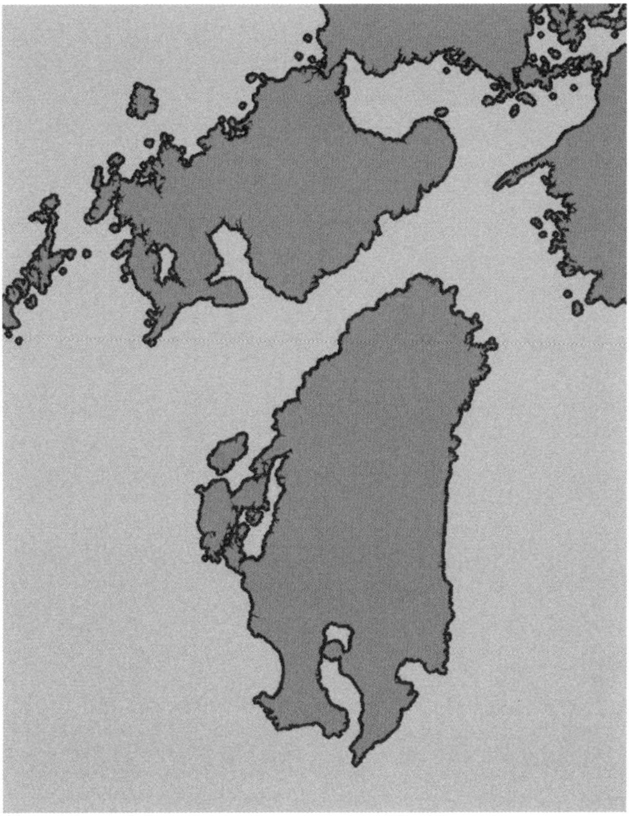

日本列島が拡大する方向の変化もおきていますよ。「伊豆半島の巨大化」がそれです（次のページのイラスト）。
フィリピン海プレート上にある伊豆―小笠原列島は，本州に向かって今も動き続けています。
この動きが今後も続けば，本州にある伊豆半島は巨大化し，もはや半島ではなくなると考えられています。この場合，東海地方一帯の陸地が拡大するかもしれません。

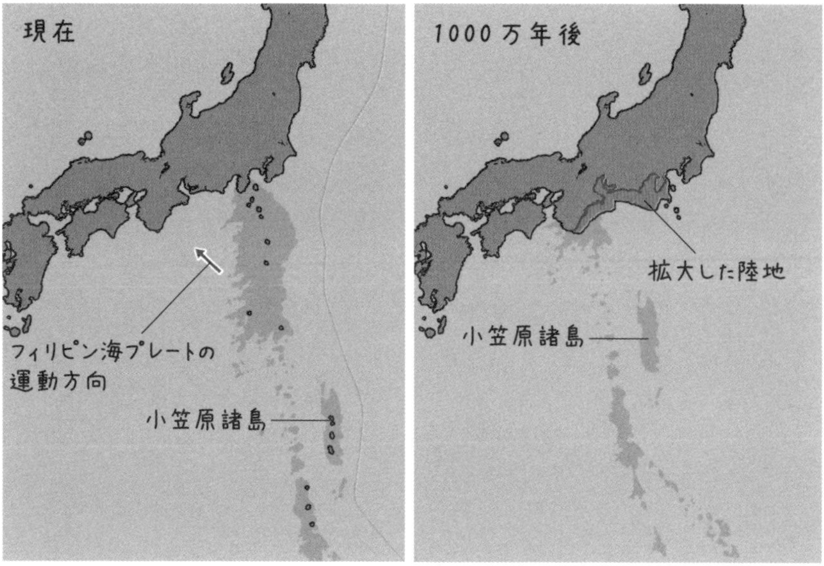

巨大化にはどれぐらいかかるんですか？

まあ，ざっと**1000万年**ですね。

どっひゃ～！
そのころ，まだ人類はいるのだろうか……。

さらに長い時間スケールでは，これら以上に，日本列島が大きく形を変えてしまう可能性がきわめて高いのです。

日本がなくなるぅ!?

かつて地球には，**パンゲア**とよばれる一つの巨大な超大陸が存在しました。この超大陸はプレート運動によって分裂して移動し，今のような大陸の姿になったといわれています。

そうでしたね。ウェゲナーは，大陸どうしの海岸線が合致することに気づいて，大陸移動説を考えたんでした。

そうです。現在のプレート運動や，それにもとづくコンピューターシミュレーションの結果によると，今から2億～3億年後，すべての大陸がふたたび合体し，新たな超大陸**アメイジア**ができると考えられているのです。
そうなれば，日本列島が激しく変形し，大陸の一部になる，あるいは海面下に沈むなど，現在の姿をとどめないほど大きく変わると考えられます。

うう，私たちの日本列島がなくなっちゃうかもしれないなんて，ちょっと悲しいです……。

ただし，「日本列島は将来どうなるのか？」という謎は，答えるのが非常にむずかしいんです。なぜなら，現時点における日本列島周辺の地殻変動の要因すら，よくわかっていないことが多くあるからです。まして，世界規模の大陸の動きを正確に予測することは非常に困難ですからね。

なるほど。少なくとも私たちが生きている時代では，おきなさそうですね。

偉人伝❶

数々の発見をし，日本の地質学の近代化に貢献した地質学者

ハインリッヒ・エドムント・ナウマン

ハインリヒ・エドムント・ナウマンは1854年9月11日，ドイツ連邦ザクセン王国の都市マイセンに生まれました。地質学者としての人生をスタートしたナウマンは，東京開成学校の教師として明治政府に招聘され，1875年（明治8年）に来日しました。当時の日本は近代化に力を入れており，鉱物などの資源調査が喫緊の課題となっていました。こうした背景から，弱冠20歳だったナウマンは，ここで地質学や採鉱学を教えることになったのです。

1万キロメートルにおよぶ地質調査を実施

1877年（明治10年）に東京大学（明治19年に帝国大学に改称）が創設されると，ナウマンは地質学教室の初代教授となります。さらに，全国規模の地質調査の重要性を理解していたナウマンは，国の地質調査機関である，地質調査所（茨城県つくば市）の設立に尽力しました。

ナウマンは北海道を除く日本の地質調査をおこないました。その距離はおよそ1万キロメートルにもおよんでいます。その調査の際，ナウマンは江戸時代に伊能忠敬がつくった伊能図（大日本沿海輿地全図）をもとに測量をし，等高線をえがいて正確な地形図をつくり，同時に地質調査も実施するという，気の遠くなるような作業を成し遂げています。

ナウマンゾウの報告と，フォッサマグナの発見

ナウマンといえばナウマンゾウが有名です。もともと日本

では，骨や歯などが漁網に引っかかって見つかっていましたが，1882年（明治15年）に，ナウマンはこれらを初めてゾウの化石として報告しました。そして1924年（大正13年），このゾウは新しい亜種として，ナウマンの名前を冠し，ナウマンゾウと命名されました。

また，ナウマンは，来日したばかりの1875年11月，地質調査の際に，現在の長野県の平沢峠付近から見た台地や南アルプスおよび駒ケ岳の地形的な構造の不思議さに興味をもちました。そして地面に巨大な溝ができ，それが堆積してこの不思議な景観が生みだされたのではないかと考えました。彼はこの巨大な溝のことをフォッサマグナと命名し，帰国後の1885年に，論文で発表しました。

帰国後のナウマンは，ミュンスター大学で講師となって地質学などの講義をおこない，1927年2月1日にこの世を去りました。くせのある人物で，周囲との軋轢が多かったともいわれていますが，ナウマンによって日本に近代的な地質学が根付いたことはまちがいありません。

2

時間目

火山大国ニッポン

STEP 1

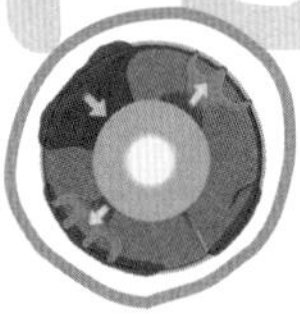

火山のしくみ

日本は“ 地震大国 ”と同時に“ 火山大国 ”ともいわれるほど火山の多い国です。火山とはどういうものなのか，火山ができるしくみや噴火のメカニズムを見ていきましょう。

世界の火山の7％が日本に集中している！

日本は，世界でも有数の地震大国といわれていますよね。それと同時に，火山大国でもあることはご存じでしょうか？

それは知りませんでした。日本に火山はいくつくらいあるんですか？

日本には，現在活火山が111個あります。
この数は世界の活火山の約8％にあたります。日本の陸地面積は，世界の0.25％しかありません。そんな小さな陸地に，地球上にあるすべての活火山の8％が集中しているのです。

ひえぇ〜！
火山が密集してるわけですか。まさに「火山大国」ですね。あんまりうれしくないですが……。

ところで先生，「111個の活火山」っておっしゃいましたね。活火山というと，しょっちゅう噴火している火山というイメージなんですが，そんなにしょっちゅう噴火していましたっけ？

確かに，「活火山」というとさかんに噴火している印象をもつかもしれませんね。実際，昔は噴火している火山を活火山といっていた時期もありました。しかし，噴火自体は断続的に，かつ比較的短時間におこります。また，数千年を経てふたたび噴火活動をはじめるケースもあり，活火山の定義は何度か修正を加えられてきたんです。**現在は，「おおむね過去1万年以内に噴火した火山，および現在活発な噴気活動をおこなっている火山」を活火山と定義しています。**

ポイント！

活火山

おおむね過去１万年以内に噴火した火山，および現在活発な噴気活動をおこなっている火山

以前は，有史以来活動の記録がない火山や，現在，噴気などの活動をしていない火山に対しては「死火山」や「休火山」という言葉も使われていましたが，現在，この二つの用語は使われていません。

なるほど。現在噴火している火山に限っているわけではないのですね。
確かに，密集した111もの火山がいっせいに噴火していたら大変なことになってしまいますね。
「噴気」というと，煙を出しているということですか？

はい。噴気とは，**火山ガス**（火山活動によって，地表に噴出する気体）を噴出することです。
地下のマグマにとけている揮発しやすい成分や，マグマで熱せられた地下水などが気体として地表に噴きだしてきます。
火山ガスの主な成分は，水，二酸化硫黄，硫化水素，二酸化炭素などで，非常に有毒な成分を高濃度で含むことがあります。万が一吸ってしまうと，最悪，死に至ることもあります。

おそろしいですね。

そうですね。そして噴気よりもさらに活動度が高い現象が噴火です。
噴火には，おおまかに三つのタイプがあります。マグマの噴出をともなう**マグマ噴火**，マグマの噴出をともなわない**水蒸気噴火**，マグマ噴火と水蒸気噴火の両方の特徴を示す**マグマ水蒸気噴火**です。

水蒸気噴火は，先ほどお話しした火山ガスが急激に膨張して爆発をおこすものです。2014年9月に御嶽山で水蒸気噴火がおこり，多くの方が亡くなりました。

はい。よく覚えています。

1時間目では，プレートがせめぎ合い，地表に変化が生じることについてお話ししました。プレートどうしの相互作用には，力の作用に加えて，化学的な作用も含まれます。火山活動は，主に熱的—化学的な作用の結果といえます。

プレートがぶつかり，その力で地殻が押し上げられて山ができたり，高温の反応でマグマが生じて火山ができたりということですね。

はい。そして，火山大国である日本列島は，それをどちらも観察できる場所でもあるのです。
2時間目では，主に火山にスポットを当て，1時間目でお話しした地殻変動についての知識と合わせて，火山のしくみや噴火について見ていきましょう。

火山というとすごくおそろしいですが，そのしくみについては実はあまり知らないかも……。
よろしくお願いします。

プレート境界と火山の位置には関係がある

次ページのイラストは，日本地図の上に活火山の位置を示したものです。

こうしてあらためて地図上に示されると，火山が多いことがよくわかりますねえ。

そうでしょう。さて，この地図を見て何か気づきませんか？

そうですね，まず，やっぱり真っ先に目につくのは，東北地方に火山が密集していますね。
それから，火山はランダムに点在しているわけではなくて，帯状に並んでいるように見えます。

おお，その通りです。日本の火山は，千島列島から北海道を通り，東北地方，中部地方，そして伊豆-小笠原へと，また中国地方から九州へと，まるで列をなすようにつらなっています。

日本列島の「背骨」みたいな感じですね。

まさにその通りです。それから，地図にえがかれているプレートにも注目してみてください。
この地図を見ると，火山は山脈に沿って並んでいますが，プレート境界に平行に並んでいるようにも見えませんか。

あ，確かに……。
そういえば，海洋プレートが大陸プレートに沈みこむ地帯に火山ができやすいというお話でした。
でも，確かに平行ですけど，プレート境界からははなれていますよね。

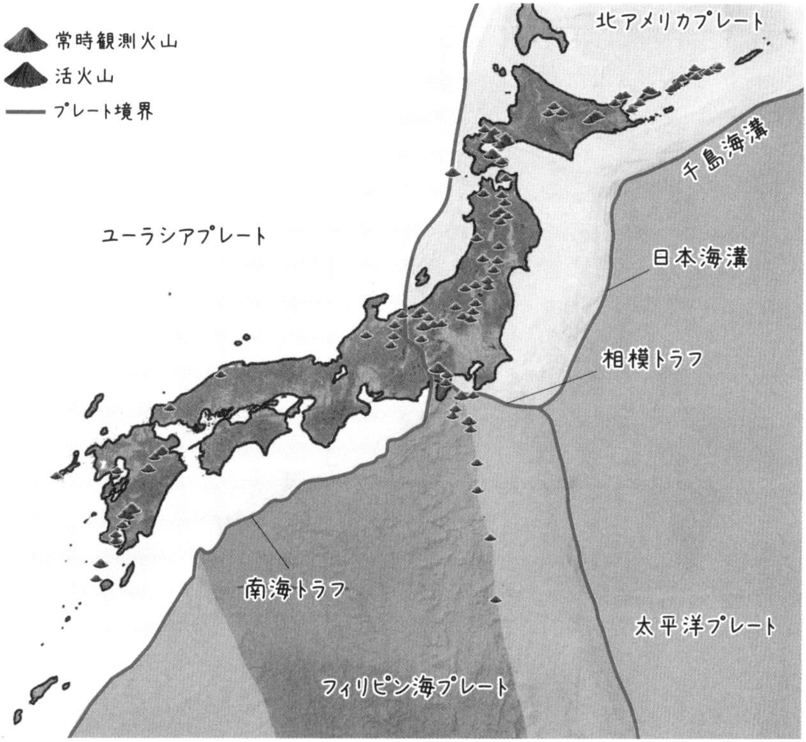

そうなんです。でもこれこそが，日本の火山のでき方の大きな特徴なんです。日本のような海洋プレートが大陸プレートに沈みこむ地帯を「沈みこみ帯」とよびますが，これらは沈みこみ帯に共通の特徴でもあります。

そうなんですか？

もう一度おさらいすると，日本列島は，西はユーラシアプレート，東は北アメリカプレートの上に乗っています。ここに，伊豆半島や小笠原諸島を乗せたフィリピン海プレートが北西方向に動きながら沈みこんでいます。さらにそれら全体の下に太平洋プレートが東から沈みこんでいます。
このように，日本列島は，二つの大陸プレートと二つの海洋プレートがせめぎあうプレート境界に位置する，地球上で非常に特異な地域といえます。

とても複雑なんですね。

そうです。その中でも際立った特徴は，地球上最大の太平洋プレートの沈みこみをともなう，沈みこみ型プレート境界であることです。
そして，この沈みこみ型プレート境界と日本の火山のでき方には深い関係があるのです。

いったいどんな関係があるんでしょうか？

沈みこみ帯でできる火山は「水」が決め手

さて，まず太平洋プレートの沈みこみと火山の関係を見てみましょう。地図に見られるように，千島海溝―日本海溝―伊豆小笠原海溝と，北海道から伊豆諸島にかけての火山の列は，およそ平行しています。
この並び方は，火山の**原料**ともいえるマグマがどのように生成されたのかが関係しています。

マグマのつくられ方？

はい。1時間目で少し触れましたが，火山とは，地下のマグマが地表に噴きだした結果できる地形です。
マグマは，地下で岩石がとけてできた液体ですが，とける原因は，大きく3つに分けることができます。

マグマのでき方には3種類あるってことですか？

そうです。まず一つ目は，地下が局所的に高温になってとける場合。二つ目は，マントルの上昇流などにともなって圧力が下がり，その影響で融解温度が下がってとける場合。
そして三つ目が，岩石に水が加わることで融解温度が下がってとける場合です。
日本列島の下でマグマができる原因としては，この三つ目が重要と考えられています。

水で？

そうなんです。そのしくみについて120〜121ページのイラストを見ながら，くわしく説明しましょう。
まず，東北地方の火山帯を見てみると，東の沖合では，太平洋プレート（海洋プレート）が北アメリカプレート（大陸プレート）の下に沈みこみ，**日本海溝**をつくっていますね。

はい。深い溝ですね。

そうです。太平洋プレートは海水と反応して水を含んだまま，日本海溝から東北地方の下に沈みこみます。特にプレート表面の海洋地殻に水が多く含まれます。この水は，岩石のすきまだけでなく，鉱物中の原子としっかり結合し，固体として入っている水もあります。したがって，これらの水を，全部まとめて「**水成分**」とよぶことにしましょう。
沈みこむにしたがって，太平洋プレートは徐々にあたためられ，また圧力も大きくなります。この温度と圧力の変化により，水成分の大部分は，プレートが東北地方の真下に達するよりもだいぶ前にプレートから抜けてしまいます。

ぎゅうっと圧縮されて，中の水が押しだされてくる感じですか。

はい，岩石のすきまの水成分は，すきまが圧力で小さくなり，おしだされてくるのですが，鉱物中の水成分は，化学反応によってはきだされて流体となります。この流体は，密度が小さいために上昇します。このように，プレートに含まれていた水成分はいったん流体となり上昇しますが，プレートの上にある岩石が，この流体を，ふたたび鉱物中の水成分として全部吸収してしまいます。

えっ，どうしてですか？

沈みこんだプレートのすぐ上には，もともとは水成分をあまり含まないマントルの岩石があるからです。広く眺めると，このマントルは，沈みこむプレートと島弧の地殻にはさまれたくさび型をしているため，**マントルウエッジ**とよばれます。マントルウエッジの，沈みこむプレートに近い部分は，プレートに引きずられて沈んでいくため，一度太平洋プレートからはきだされた水成分は，ふたたび深部に向かって運ばれることになります。

いったいどこまで運ばれるのですか？

深さ100～200キロメートルぐらいまで運ばれます。その深さで新しい化学反応がおこり，マントルウエッジの鉱物に含まれていた水成分が，ふたたびはきだされて流体となり，マントルウエッジの中心部へと上昇していきます。中心部はより温度が高く，ここに流体の水成分が加わることでマントルがとけてマグマができます。

水成分が加わると，どうして岩石がとけるのですか？

水成分が加わると，鉱物をつくっている原子や分子の結合が切れやすくなり，マントルがとけはじめるのです。

水でマントルがとけるってこういうことなんですね。

面白いですねえ。

大陸地殻の底部まで上昇したマグマは，いったんそこでよどむものの，地殻の下部よりも密度が低いため，浮力によって地表近くへと上昇します。
やがて，まわりと密度がつり合うところで停止して**マグマだまり**をつくり，そこにたまっていくのです。

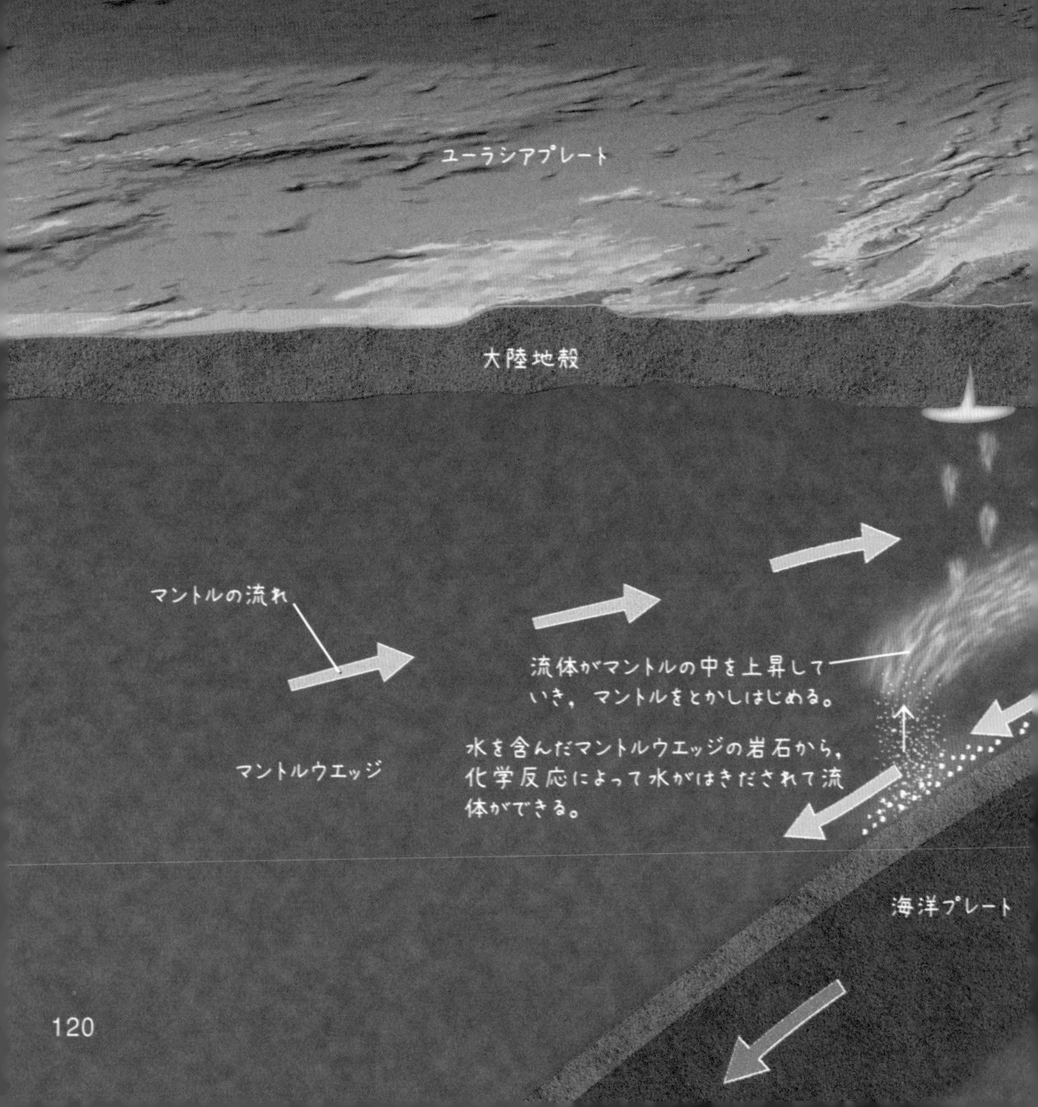

それがドッカーンと噴出して，火山になるわけですね！

すべてのマグマが噴出して火山になるわけではありませんが，そういうことです。沈みこみ帯では，同じしくみで火山が多くできる傾向があり，日本列島の火山もこれに該当します。

つまり，海溝で海洋プレートがしずみこむことで，地下深くに水が運ばれて，その水がマグマ，ひいては火山をつくりだしたというわけですね。

その通りです。115ページの地図で，日本の火山は海溝と平行に並んでいましたよね。
海溝のような沈みこみ帯では，沈みこんだ海洋プレートが100キロメートル以上の深さまで沈みこんで水を放出し，マグマがつくられるため，海溝から少しはなれたところに海溝と平行して火山がつくられる傾向にある，というわけなのです。

なるほど～！　やっとつながりました。

海溝と平行して分布した火山分布の，海溝側の境界を結んだ線を**火山フロント**といいます。
日本海溝に面した太平洋岸には火山はありません。また，南海トラフから沈みこむフィリピン海プレートは，フィリピン海プレートの中でも比較的新しくて温かい部分に対応しているため，水成分が四国の地下や南海トラフに近い場所でプレートからはきだされてしまうと考えられています。このため，本来マグマができる場所まで，十分な水成分が運ばれず，中国地方では，プレートの沈みこみにともなう火山ができにくいと考えられています。

なるほど，それで中国地方にはほとんど活火山がないのですね。

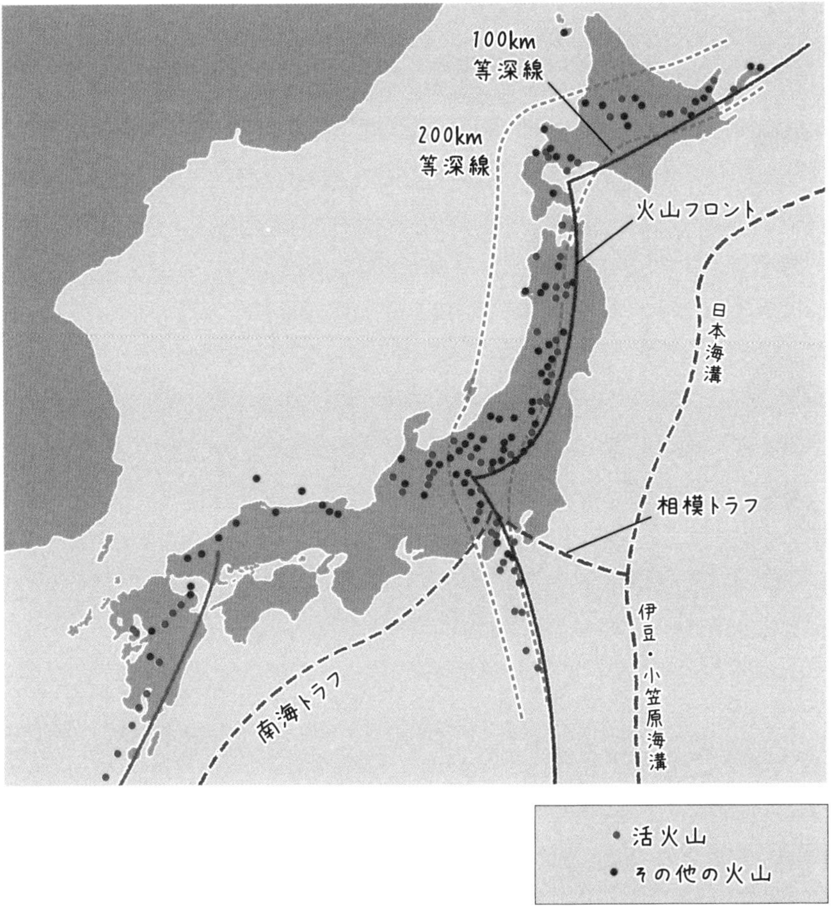
100km
等深線
200km
等深線
火山フロント
日本海溝
相模トラフ
伊豆・小笠原海溝
南海トラフ
活火山
その他の火山

マントルの対流が火山を生む

さて，1時間目で，マントル対流についてお話ししました。地球の内部ではマントルが対流しています。プレートの運動は，マントル対流の一部で，その地表での動きといえます。

火山の原料となるマグマの生成にも，マントルの対流がかかわっているんですよね。

その通りです。火山の原料がマグマだとすれば，そのマグマを生みだす原動力がマントル対流だといえます。
ここで，マントル対流と火山の関係についてお話ししておきましょう。
マントル対流については，30ページですでにご紹介しました。地球の中心部にあるコアの表層部の温度は，およそ3000〜4000℃であるのに対し，地表は平均15℃しかありません。この温度差によって，プレートを含むマントルは対流をおこすわけです。

冷たい空気が下へ，温かい空気は上へいくのと同じことが地球内部でおきているんですよね。

その通り。マントル対流の速度は非常にゆっくりで，年間数ミリメートル〜10センチメートル程度ですが，このマントルの対流によって地球のさまざまな変動が引きおこされるのです。

すでにお話ししたように，日本の地下には，沈みこんだ太平洋プレートが地下660キロメートルほどで一度停滞しています（スタグナントスラブ）。しかし，長期間とどまりつづけると，スラブと周囲のマントルの温度や物性が変化し，下部マントルに沈みこみはじめ，やがてマントルの底まで沈むと考えられています。この下降流は**コールドプルーム**（cold plume）とよばれ，複数の下降流が集まると，大きな流れになります。

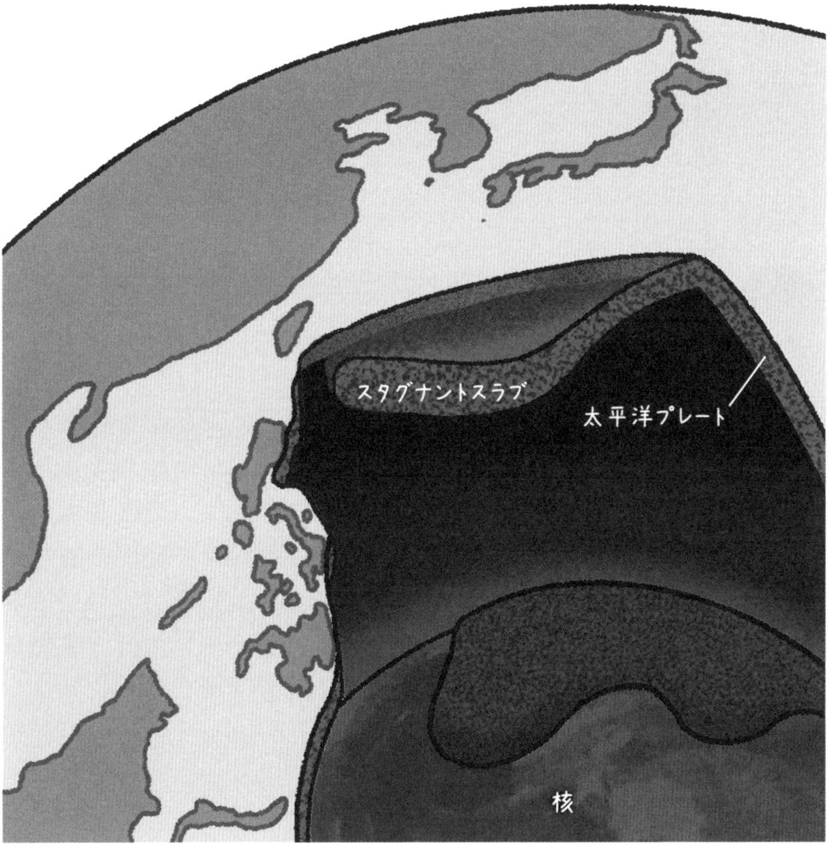

冷えて下降するから，“コールド”なんですね。

はい。プルーム（plume）は，「羽毛のように舞い上がる煙」というような意味ですが，コールドプルームのように下降流にも用います。逆に高温の上昇流は**ホットプルーム**（hot plume）とよばれます。

なるほど～。

日本の地下には，太平洋プレートの沈み込みにともう下降流があることがわかっています。逆に，アメリカのイエローストーンや，アイスランドの地下には，ホットプルームがあることがわかっています。
これらは，マントル対流の一部にほかなりません。

先生，ホットプルームで高温のマントルが上昇してきたら，地表にマグマが噴きだしてくるんでしょうか？

ホットプルームだけでは，プレートにふたをされたままですから，あまり多量のマグマはできないと考えられています。しかし，アイスランドのように，海嶺とホットプルームが重なった場合，多量の玄武岩が海底に噴きだして海台（頂部が平坦な海底の台地。100平方キロメートル以上の広さをもち，周囲から200メートル以上隆起しているもの）をつくると考えられています。また，陸上であっても，大陸が海嶺のように引き裂かれるところにホットプルームが重なる場合，多量の玄武岩が噴出してインドのデカン高原のような玄武岩台地をつくるのではないかと考えられています。

このような大事変がおきると，噴火による影響で地球環境が変わり，生物の大絶滅が引きおこされる可能性があります。

マントル対流って，地球の原動力そのものみたいですね。

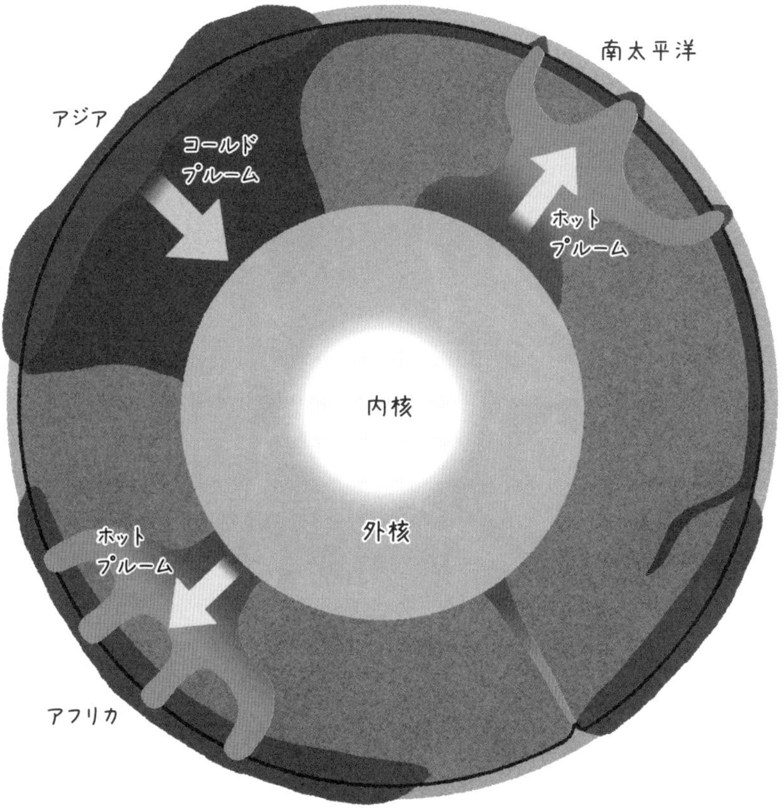

火山にもタイプがある

ここまでお話ししたように，日本の火山は，主にプレートの沈みこみ帯でつくられます。しかし，地球上にはそれ以外にも多くの火山があり，日本の火山とはことなったメカニズムで誕生しているものもたくさんあります。ここで，火山の種類について整理しておきましょう。
117ページで火山の原料であるマグマの生成のしくみには3パターンあるとお話ししました。そして，その3種類のマグマの生成のしかたによって，火山の種類も3種類に分けられるのです。

そうなんですね。どんな種類があるんですか？

はい。ホットスポットでつくられる火山，海嶺でつくられる火山，沈みこみ帯でつくられる火山の3種類です。
このうち，日本の火山は，主にプレートの沈みこみ帯でつくられる火山です（117〜121ページ）。
ここで，ホットスポットがつくる火山と，海嶺がつくる火山についてもご紹介ましょう。

お願いします！

まずは海嶺でつくられる火山です。

マントルは固体の状態ですが，プレートが引き裂かれて，そのすきまを埋めるようにマントルが地下深くから熱を保ったまま上昇してくると，上昇してきたマントルがとけて，マグマができます。このマグマが上昇してあたらしい海洋地殻ができます。このように海底の裂け目にあたる場所に長大な海底の山脈ができます。これが**海嶺**です。海嶺から流れでたマグマは，海底で急速に冷えて固まり，枕状溶岩など，特徴のある構造をつくります。地下では少しゆっくり冷えながら，貫入岩として固まります。このようにしてできた海洋地殻は，海嶺の両側に広がるマントルの表層部と一体化して，海洋プレートの一部となるのです。

なるほど〜。

さて，次はホットスポットがつくる火山です。先ほど，地球深部からのマントルの熱い上昇流である**ホットプルーム**についてお話ししましたね。

はい。羽のように舞い上がる煙，でしたね。

この熱い上昇流によってマグマが生まれる場所がホットスポットです。

マントルが上昇すると融解温度が下がり，ある深さからとけはじめるという点では，海嶺の下と同じメカニズムです。海嶺では，プレートが引き裂かれるためにマントルが受動的に上昇しましたが，ホットスポットでは，もともと深部のマントルが何らかの原因でまわりのマントルより熱く，そのために能動的に上昇を開始する点がことなります。

ホットスポットはどんな場所にあるのでしょうか？

ホットスポットの活動は多くの火山をつくりだします。ハワイ諸島もこのホットスポットの活動から生まれた火山島なんですよ。

ハワイ島の地下にあるホットプルームは，7000万年以上にわたってマグマを供給し続けて，ハワイ諸島やさらに北にのびる海山列が生まれました。

火山のタイプ3種類

「海嶺」からマグマが噴きだす

東太平洋海嶺や大西洋中央海嶺などの海嶺では，プレートが引きさかれる運動にともなって上昇してきたマントルが融け，大量のマグマが噴出して火山をつくる。プレートの引きさきと海洋地殻の生成にともない，新たなプレートが生まれている。海嶺は，総延長7万キロメートル以上におよぶ，海底にある大山脈である。

「ホットスポット」でつくられる火山

ハワイ島，アイスランドやガラパゴス諸島の下には，深部マントルからの上昇流「ホットプルーム」があり，マグマを数千万年にわたって供給する地点である「ホットスポット」をつくっている。このホットスポットの活動によってできた火山は，海洋，陸上をとわずいろいろな場所に多数ある。

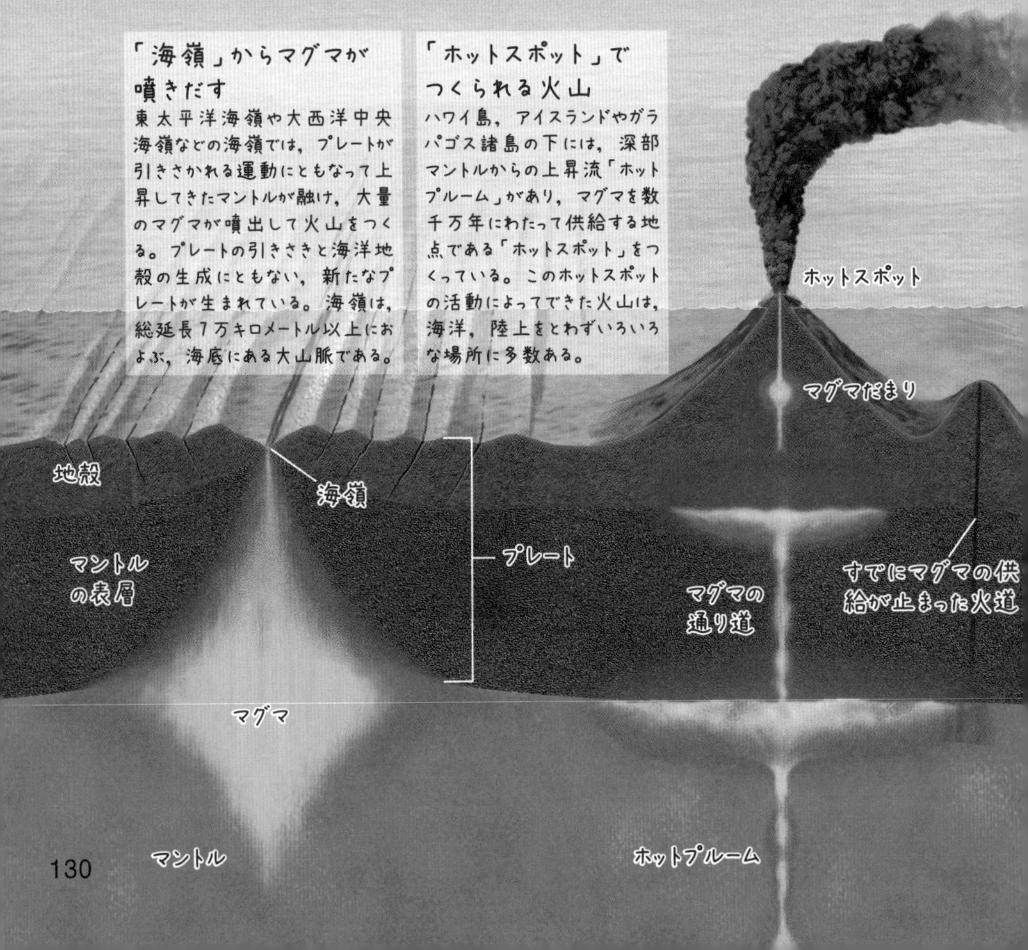

7000万年以上も～!?

プレートの沈みこみがつくる火山

日本やインドネシアなどの沈み込み帯の火山は，海溝に並行して存在している。ここでは，一方のプレート（海洋プレート）がもう一方のプレート（大陸プレート）の下にもぐりこんでいる。このとき，プレートとともに沈みこむ水成分がマントルの融点を数百℃も下げる。そのため，マントルウエッジが融け，マグマが発生する。マグマは地殻内部でマグマだまりなどを作りながら上昇していき，噴きだして火山をつくる。

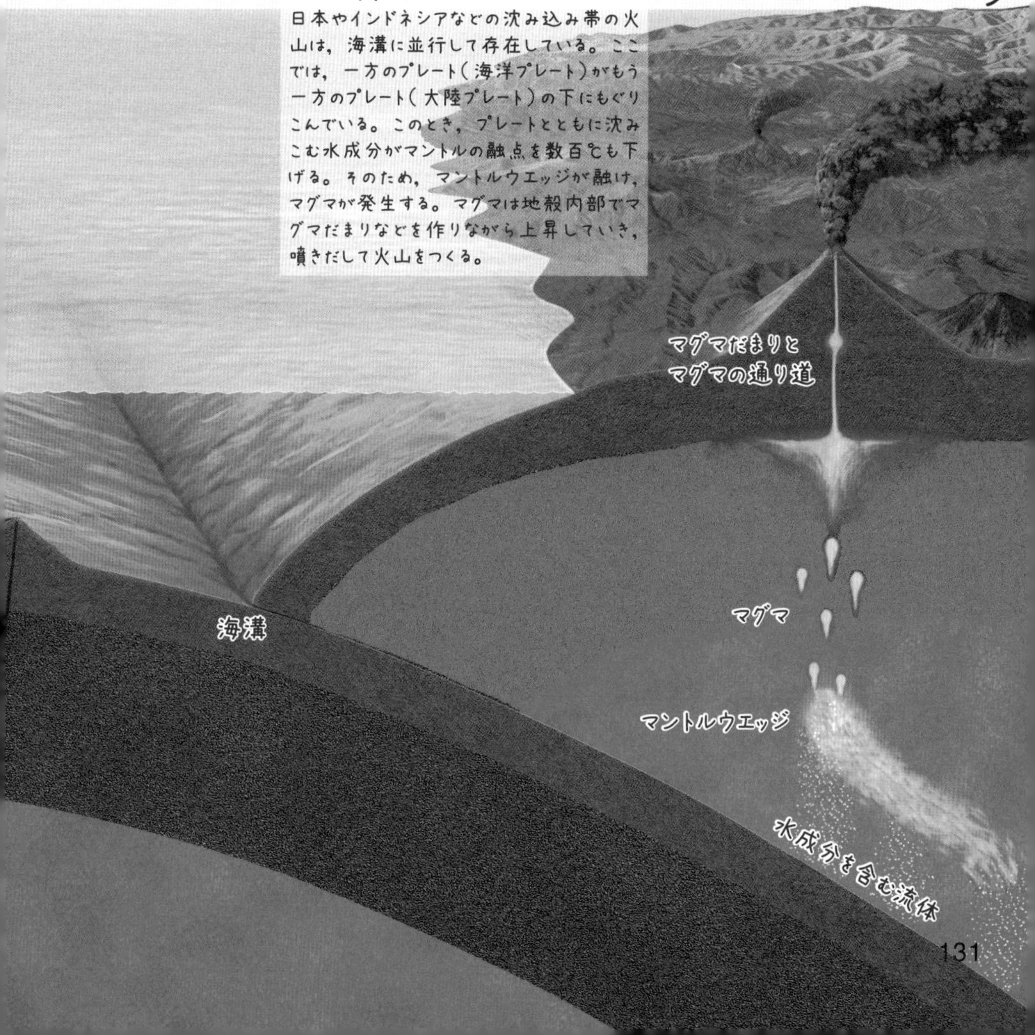

世界の火山地図

さて，ここまで主な火山の種類についてお話ししました。ここで少し，世界の特徴的な火山についてもご紹介しましょう。下のイラストは，世界地図に主な火山の位置をえがいたものです。

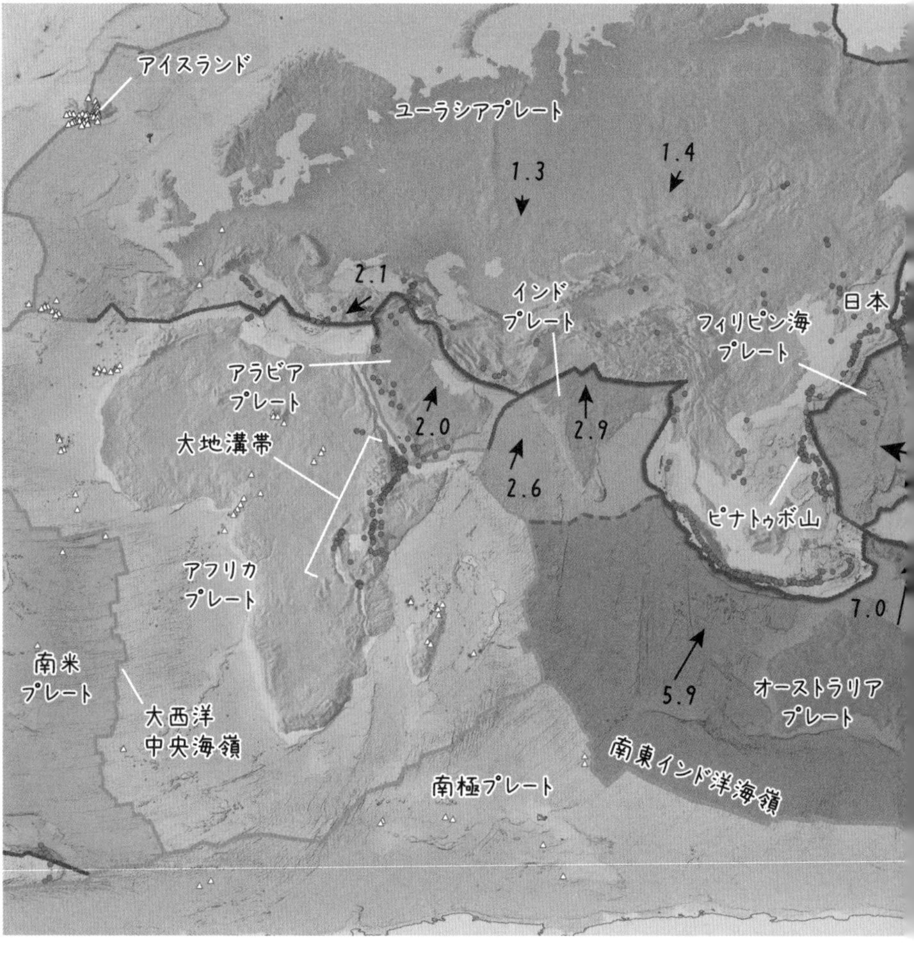

灰色の線が海溝，赤色の線が海嶺です。そして，三角形はホットスポット型の活火山で，丸印はホットスポット型以外の活火山です。黒い矢印は，プレートが移動する向きと速さを示しています。

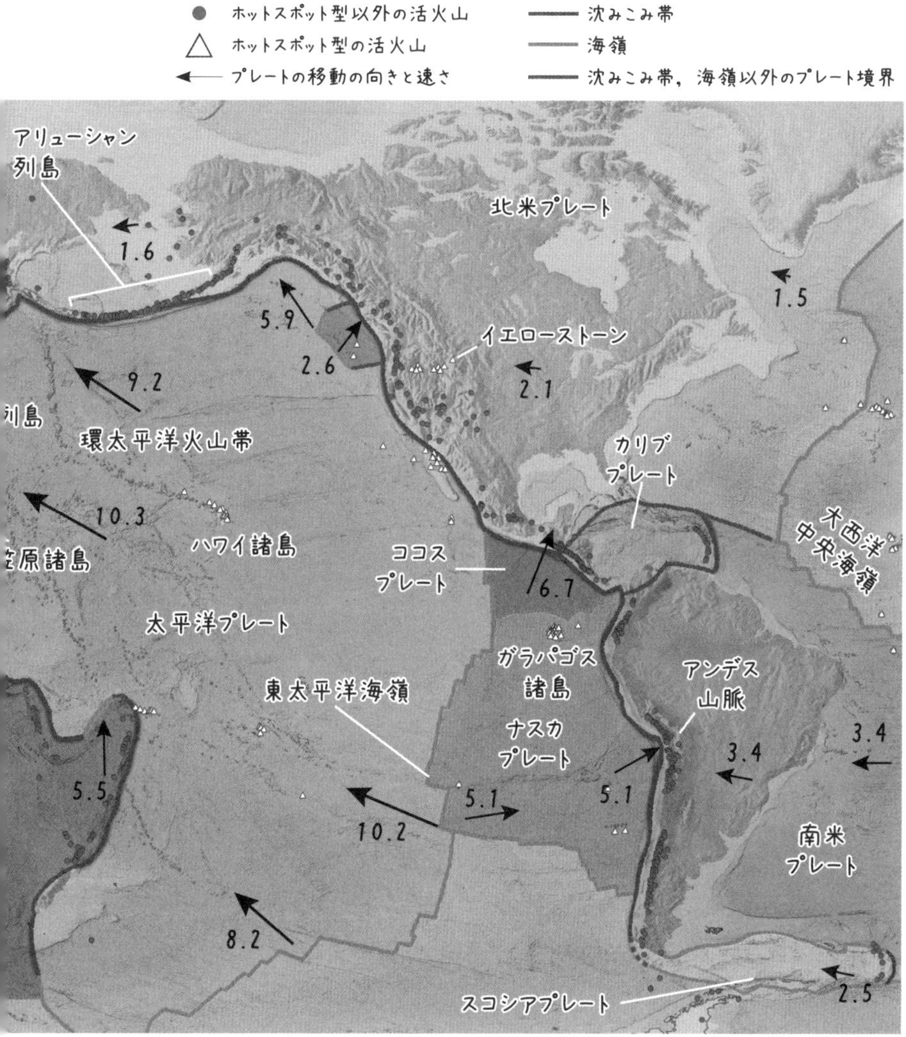

世界の火山ですか～！　沈みこみ帯に沿って火山が並んでいますねえ。特に太平洋を取り囲むようにぐるっと火山が連なっていますね。

それは**環太平洋火山帯**とよばれる火山帯で，日本列島と同じく，プレートの沈みこみによってできた火山です。太平洋の大部分は，太平洋プレートの上にあります。このプレートが，太平洋の西側ではニュージーランド，マリアナ諸島，小笠原諸島，日本列島からアリューシャン列島にかけて，太平洋の東側では北アメリカ西岸，中米，南米西岸へと沈みこんでいるんですね。

沈みこみ帯があるということは，そのプレートが移動してきた方向に，そのプレートの“生産地”である海嶺があるということですね。

その通りです。それが，**東太平洋海嶺**です。
世界の海嶺の中でも主なものが，東太平洋海嶺と，大西洋の中央部にある**大西洋中央海嶺**です。

地球のマグマの75％は海嶺でつくられる

ここで，海嶺についてもくわしくご紹介しましょう。次のイラストは，世界中の海嶺の位置を赤い線で示したものです。

地球を取り巻く海嶺の連なり

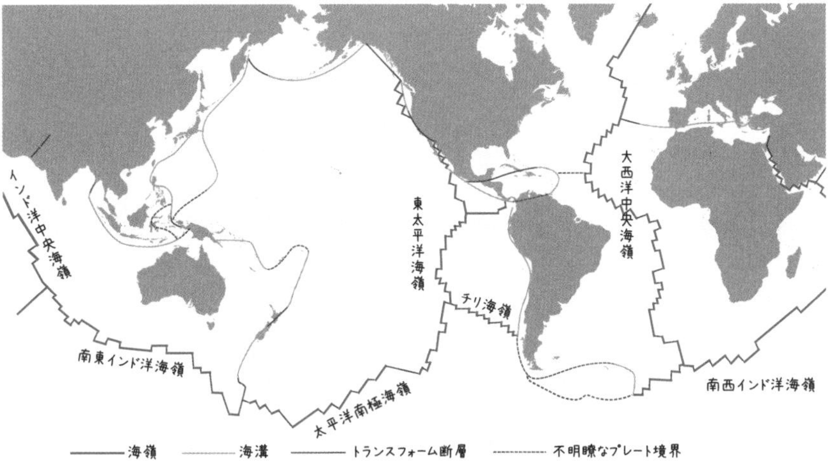

先生，世界中の海嶺って，つながっているんですね。

そうです。北大西洋の北極海を出発点として南下すると南端ではインド洋に向かう部分と南米に向かう部分とに分かれます。インド洋に向かう部分は，南西インド洋海嶺として，インド洋中央部付近につながり，そこでさらにアデン湾や紅海に向かう部分と，オーストラリアの南を通って太平洋へ入るものに分かれています。太平洋へ入った海嶺は，東太平洋海嶺につながって北上し，カナダ西岸にまで達しています。

海嶺って，ものすごく長いんですね！

ええ。その総延長距離は**7万キロメートル以上**で，これは地球を2周するほどの長さなんです。
このように，海嶺は地球を取り巻く長大な山脈ですが，すべて海底にあります。ですから，その壮大さを理解することはむずかしいでしょう。

すごいなあ～。一体どんな姿をしているんだろう。

7万キロメートル以上も火山山脈が続くため，そこでつくられるマグマの量は膨大です。年間約21立方キロメートルのマグマが海嶺で生産され，そのうち約3立方キロメートルが海底に噴出しています。
これは，地球上に噴出するマグマのおよそ**75％**にあたります。しかし，火山としてのその姿は，私たちがふだん見慣れている火山とは少しことなります。

どうちがうのでしょう？　噴火はおきるんですか？

はい，おこります。ただし，4000メートルより深い海底では，高い水圧のため，地上の火山のように爆発的な噴火をすることはありません。チューブから歯磨きペーストをしぼりだすように，マグマが途切れることなくわきだしてくるのです。

面白いですね。

こうしてわきだしたマグマは，斜面を流れ下るときに先端部が海水で急冷され，薄い殻ができます。
そして次々と供給されるマグマの圧力によって球状に膨れ上がりますが，殻の一部が破れて，新たな球状のかたまりがつくられます。

へええ～！　不思議ですね。

このようにして次々にできたマグマの丸いかたまりが固まったものを**枕《まくら》状《じょう》溶《よう》岩《がん》**といいます。もし，地上で枕状溶岩を見つけたら，そこは昔，海底だったということになります。

ホットスポットと海嶺が合体!?

海嶺は通常，海底深くにあります。しかし大西洋中央海嶺は，アイスランドでその一部が地上にあらわれているんです。海嶺が地上にあらわれているのは世界で唯一，アイスランドだけで，非常にめずらしい場所です。

なぜアイスランドでは海嶺が地上に顔を出したんですか？

それは，アイスランドの下にホットプルームがあるためだと考えられています。
数千万年前，大西洋中央海嶺から北西に少しはなれたところにホットプルームがありました。その後，ホットプルームと海嶺が近寄って合体したんです。二つのマグマの供給源が合体したことで大量のマグマが噴出して島となり，その結果，約1650万年前に海嶺が地上に顔を出したんです。

海嶺とホットスポットが合体した島だなんて，とんでもないですね。

そのため，アイスランドは活火山も非常に多く（30個），地下では常にマグマが供給されており，大噴火がたびたびおきています。中でも，アイスランドの南東部にある**ラキ火山**は，1783年に有史最大級の大噴火をおこしています。

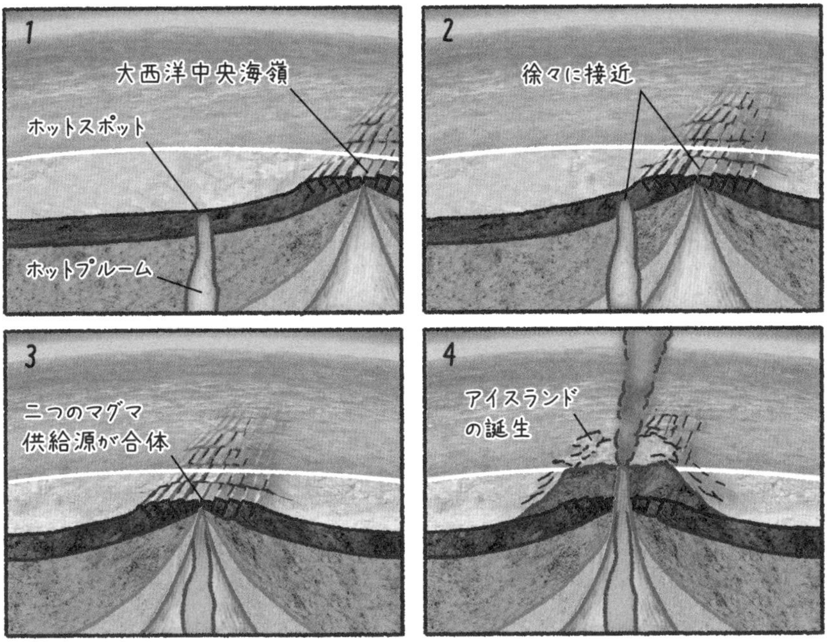

【1】数千万年前の，現在アイスランド島が位置する周辺の断面。大西洋中央海嶺でプレートがつくられていた。【2】ホットプルームと海嶺が徐々に近づいた。【3】大西洋中央海嶺とホットプルームが合体した。【4】大量のマグマが噴出し，約1650万年前にアイスランド島が誕生した。

この噴火によって放出された火山ガスにより，多くの人命がうばわれ，家畜が死にました。さらに，火山ガスによって生成されたエアロゾル（微粒子）が北半球全体の成層圏に充満したため，日照時間が極端に減り，世界各地で寒冷化と飢饉がおこりました。

とてつもない大噴火ですね。

江戸時代最大級の飢饉**天明の大飢饉**（1782〜1788）や，**フランス革命**（1789）の発端となった食料不足も，このラキ火山の噴火が一因ではないかと考えられているんですよ。

日本にまで影響があったかもしれないんですね。

また，2010年4月には，**エイヤフィヤトラヨークトル火山**は，火口が一列にいくつも並ぶ「割れ目噴火」をおこしています。

大陸を引き裂く大地溝帯

地図を見ると，アフリカ東部にも火山が多いことがわかるでしょう。
この地域は，アフリカ大陸を北から南へ6000キロメートル以上にわたって縦断する巨大な裂け目**大地溝帯**があります。大地溝帯は，巨大な断層がいくつも平行して走っており，階段状に陥没した地形をつくっています。その落差は約1500メートルもあります。

巨大ですね！

はい。そして，大地溝帯もまた，海嶺と同様にマントルの上昇流により，引き裂かれつつあると考えられており，地溝に沿うように多数の火山が存在しています。

ちょっとまってください。「引き裂かれつつある」!?

はい。今まさに，裂けつつあるんです。
アフリカ東部では，およそ3500万年前から大地が裂けはじめ，それが長大な大地溝帯へと発達していったと考えられています。それらの原動力となったのは，マントル深部からのホットプルームであると推測されています。

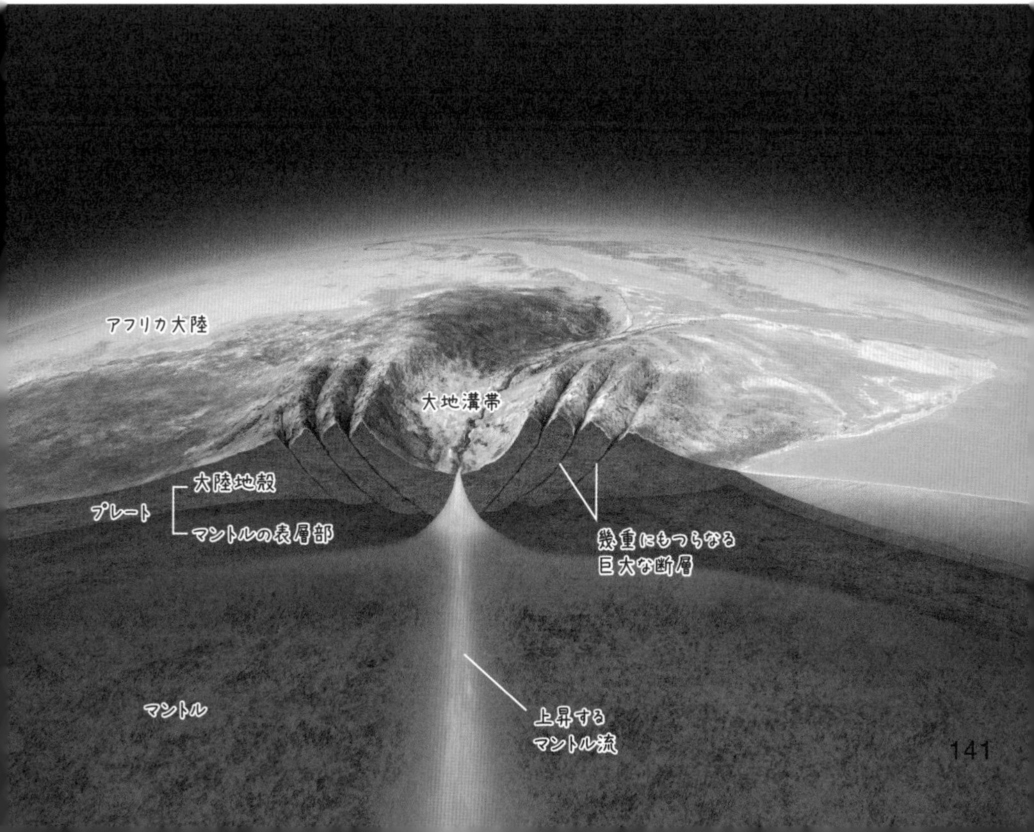

それで地溝に沿うように火山がたくさんあるのですね！

その通りです。
大地溝帯の周辺には山脈や高い山々がたくさんあります。その中でもアフリカ大陸の最高峰である**キリマンジャロ**（標高5895メートル）」は，たび重なる噴火によってつくられた火山です。大地溝帯の中に位置し，独立峰としては世界一の高さをほこります。約100万年前に噴火を開始し，直近では約200年前に噴火しているので，今後も噴火する可能性があります。

キリマンジャロが噴火なんて，おそろしい！

一方，エチオピアにある**ダロル火山**は，火口が海抜マイナス45メートルに位置する，世界で最も低い噴火口をもつ火山です。

落差がはげしいですね……。

アフリカ大陸と南アメリカ大陸は，かつて一つの大陸でした。それが，約1億2000万年前に分裂を開始し，そのあいだに大西洋ができたのです。
同じように，大地溝帯が裂け続ければ，数百万年後には，大地溝帯は分断して海になり，新たな海嶺が誕生する可能性があります。

STEP 2

日本の火山

火山大国ともいわれる日本には，111 個もの活火山があります。その中から，富士山をはじめとする，代表的な火山とその活動について見ていきましょう。

日本の最高峰「富士山」

日本列島にある活火山で一番有名な山といえば何でしょう？

富士山です！

その通りです。STEP1では，火山のしくみについてお話ししました。ここでは，日本を代表する火山をいくつか見ていきましょう。まずは，富士山について，くわしくご紹介しましょう。

日本人ですからね。もっと富士山のことを知っておきたいです。

いいですね！
それではいきましょう。まず，富士山は非常に独特な性質をもっています。
まず，その高さです。富士山の標高は3776メートルで，日本一の高さをほこります。

それは誰でも知っていますよ。日本一高いから有名なわけですよね!?

まあまあ。
2番目に高いのは，南アルプス北部につらなる北岳で，標高は3193メートルです。
さて，問題はその“差”なんです。
というのも，トップの富士山と2位の北岳の標高差は583メートルもあるんですよ。しかし，2位の北岳と50位の観音岳（2840メートル）の標高差は，353メートルしかないのです。

えっ？　それって，つまり富士山はダントツで高いってことですか？

そうなんです。**富士山は日本一高いというだけでなく，日本の山の中で飛び抜けて高いのです。**

なるほど，それは知りませんでした。どうして富士山はそんなに突出して高いんですか？

その理由は，富士山が比較的短い年月のあいだに大量の溶岩を噴出してきた活火山だからなんです。
近年の研究によれば，富士山は過去10万年間に，体積にして少なくとも約500立方キロメートルにもおよぶ巨大な山体をつくりあげてきました。これは，琵琶湖の貯水量の約20倍にあたります。

そんなに？

次のイラストは，現在の富士山の地表が，いつの噴火の噴出物によってつくられているかを色分けして示した**富士火山地質図**です。
ことなる噴火による溶岩流を，色で塗り分けています。

うわぁ……。いろいろな色がまざってますね。

細長くすじ状に色が重なっていますね。この図を見ると，富士山は数えきれないほどの噴火，特に流出した溶岩によって現在の山体がつくられたことがわかります。

なるほど～。

この地質図は南東から見たものです。斜面をよく見ると，大きな凹みがあるのが目につきませんか。

本当だ。とても目立ちますね。**宝永第一火口**，**宝永第二火口**，**宝永第三火口**とありますね。
どれも火口なんですか？

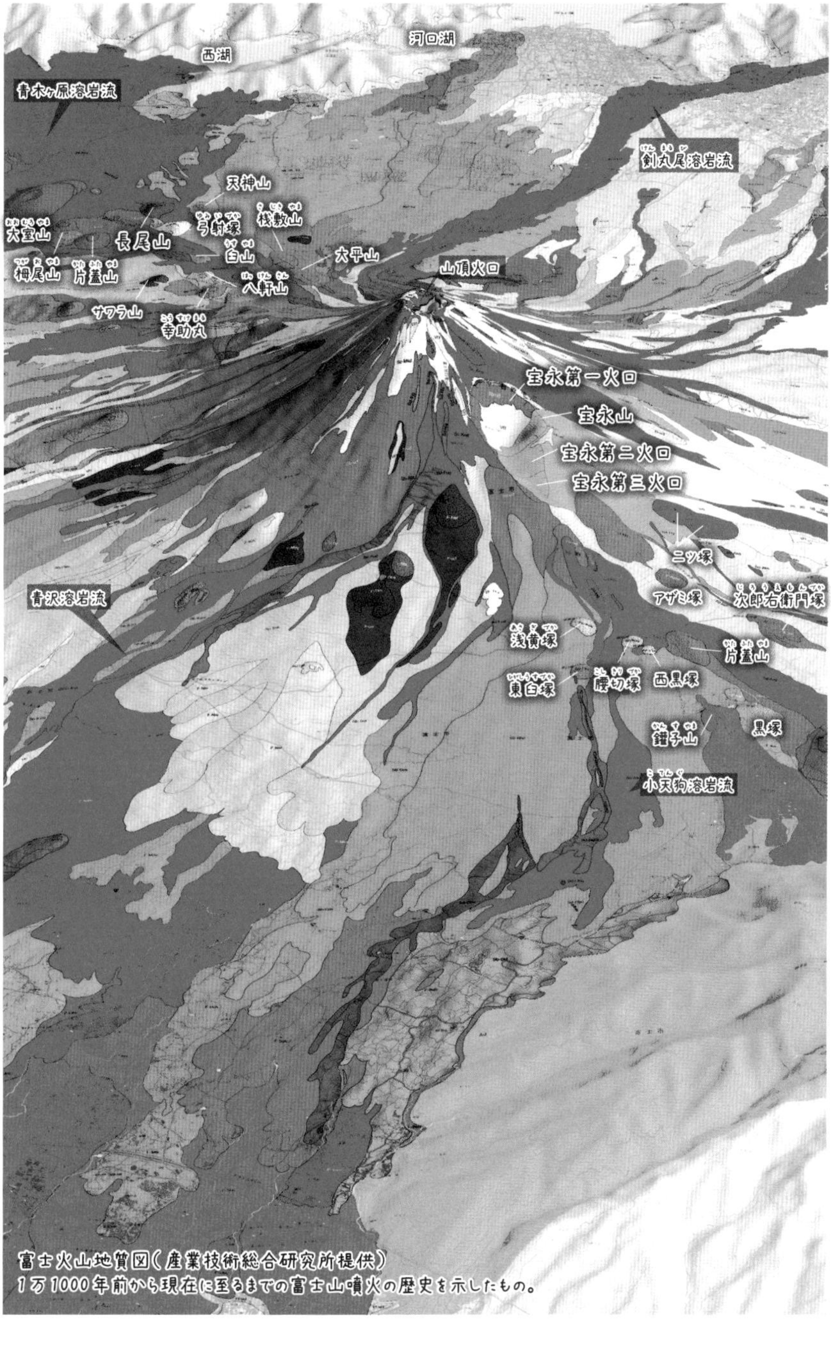

富士火山地質図（産業技術総合研究所提供）
1万1000年前から現在に至るまでの富士山噴火の歴史を示したもの。

はい。これらの宝永火口は，1707年におきた**宝永噴火**のときの火口なのです。三つある宝永火口のうち，最も深くえぐられた「第一火口」は，直径1キロメートルにもおよび，「第一火口」の盛り上がった部分は**宝永山**とよばれています。「第一火口」からふもとに向かって，小さな「第二火口」「第三火口」と続いています。

江戸時代におきた，富士山の大噴火ですよね！
そのときの火口ですか……。直径1キロメールもえぐられているなんて，すさまじい噴火ですね。

この噴火によって，100キロメートル以上はなれた江戸にも数センチメートルの火山灰が降り積もったといわれているんですよ。

ええっ！　富士山から東京にまで広がったんですか？

はい。火山灰は東京だけではなく，千葉県を通り抜けて，太平洋の沖合まで降り積もったんです。

どっひゃ〜！

また，この宝永火口のほかにも，頂上と宝永火口を結んだ直線，そしてその延長上（北西から南東方向）に，小さな丘や火口が並んでいることがわかります。
これらはすべて，過去に**山腹噴火**をおこした火山で，**側火山**といいます。

山腹噴火？　山腹で噴火したんですか？

山腹噴火とは，マグマだまりから山頂の火口に続くマグマの通り道（火道）から水平方向にのびる割れ目などに沿ってマグマが移動し，マグマが山の側面から噴火をおこすことをいいます。側火山はその際にできた火山なんですね。

なるほど……。富士山って，山頂だけじゃなくて，山腹からも何度も噴火していたんですね。

その通りです。火山の山体の上部は，すきまが多く，火道を上昇してきたマグマのほうが重くなって，山頂火口に到達する前に水平方向に流れてしまうことがよくあります。山頂の北西側の山麓に見える**長尾山**も側火山です。**この長尾山は，富士山の有史以来，最大量の溶岩を噴出した「貞観噴火」（864年）」をおこしました。**
その溶岩の量は，山手線の内側を平均20メートルの厚さで埋めつくすほどでした。この長尾山付近の割れ目火口から流れでた大量の溶岩は，富士山麓の北西側斜面を広くおおい，当時あった「せの海」という湖に流れこみました。これによって，せの海はその大部分が埋め立てられ，残ったのが現在の**西湖**と**精進湖**なのです。

精進湖，高校生のときに修学旅行で行きましたよ。あの大きな湖が，もっと大きな湖の一部だったなんて！

さらに，溶岩流は，当時あった山麓一帯の森を焼きつくしました。そして，のちにその上に生い茂った森が，**青木ヶ原樹海**なんです。

貞観噴火，ハンパないですね。

富士山の内部には三つの火山がある！

「富士火山地質図」を，今度は北西側から見てみましょう。この方向から見ると，富士山の側火山のつらなりがよくわかりますよ。

うわ！
手前の濃い赤の部分が貞観噴火のときの溶岩流ですか。あらためて地図で見ると，とんでもない規模ですね！

すごいでしょう。このときの溶岩流の影響で，青木ヶ原樹海には，風穴《ふうけつ》や氷穴《ひょうけつ》といわれる溶岩洞穴がたくさんあるんです。

そういえば，洞窟ツアーとかありますね。なぜ洞穴がたくさんできたんですか？

富士山のような玄武岩質マグマの温度は1000～1200℃と，非常に高温です。それが地表に流れでると，冷えて外側から少しずつ固まっていくんですね。しかし，内側の溶岩はまだ熱いので，そのまま流れていきます。その結果，外側の固まった部分だけが残り，横穴式の空洞ができます。これが風穴です。
ちなみに氷穴の方は，溶岩が流れていく途中，外側の溶岩が冷えて固まっていく際に，内側にたまったガスや溶岩が噴出してできたものです。こちらは縦穴で，複雑な形状をしています。

へえぇ～！

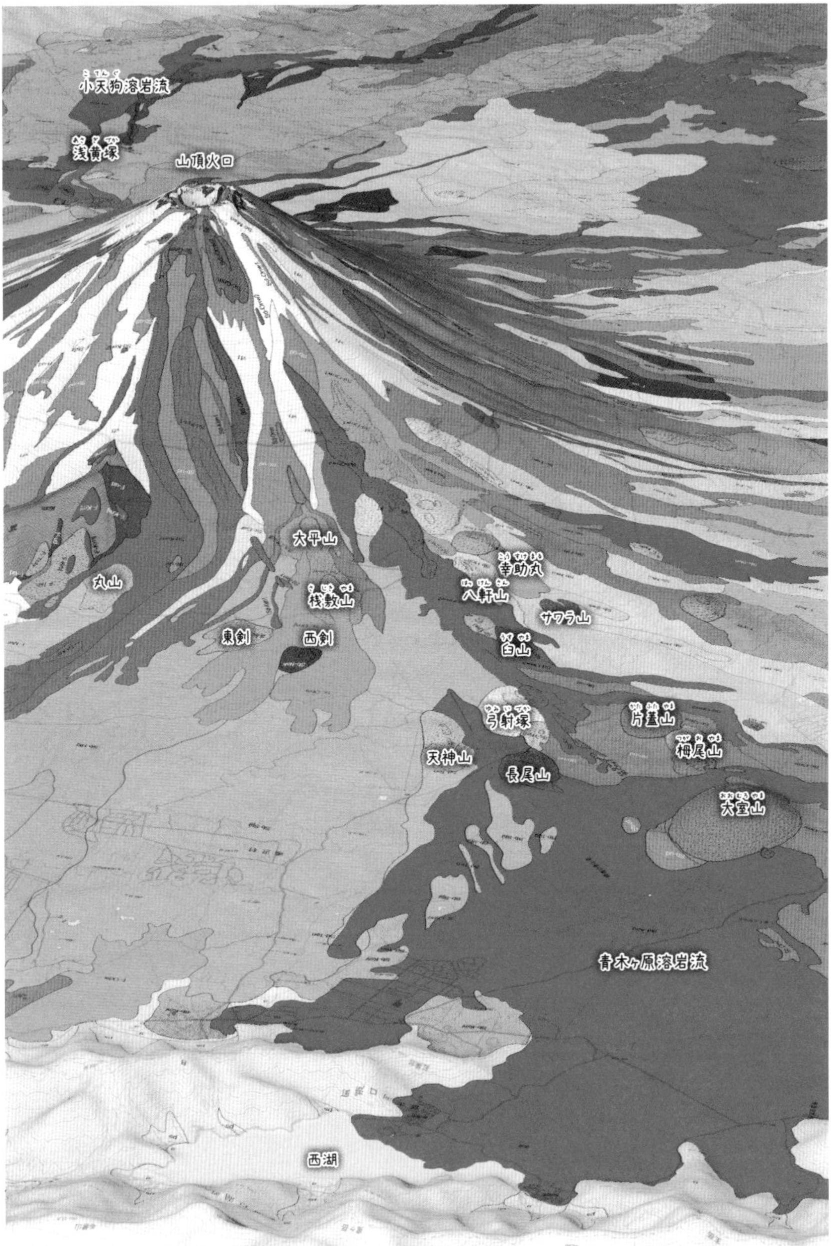

富士火山地質図（産業技術総合研究所提供）

青木ヶ原樹海には，こうした溶岩洞窟が100個以上もあり，当時の噴火の激しさを今に伝えています。

すごい……。しかもこの2回だけじゃなくて，何度も何度も噴火しているわけですよね？

そうです。**実は富士山は，その山体の中に三つの火山をもつ，4層構造となっているんです。**

えっ!? **富士山の中に，火山が3個？**

はい。次のイラストは，富士山の断面です。

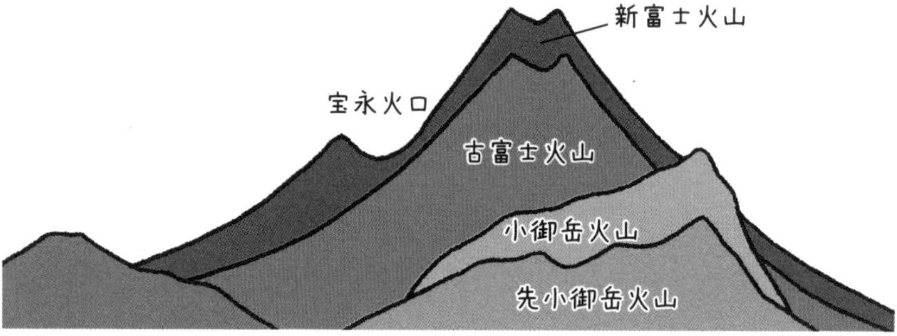

本当だ。今の富士山が，**新富士火山**というのですね。その中に火山が三つありますね。

はい。お話ししたように，富士山は一度きりの噴火で今の形になったわけではなく，何度かの噴火をくりかえして，現在の山体になったのです。
一つ一つ見ていきましょう。
今から数十万年前，現在の富士山の位置より少し北側で噴火がはじまりました。1時間目で，富士山は伊豆が本州に衝突したときに，その土台が生まれたとお話ししましたね（95〜99ページ）。その土台の上に最初にできた火山が**先《せん》小《こ》御《み》岳《たけ》火《か》山《ざん》**です。

伊豆が本州に衝突して，フォッサマグナを埋めたり山地ができたりして土台ができたんですよね。

そうです。また，そのころ，近くの箱根火山や愛鷹火山もさかんに噴火活動をしていました。
さらに十数万年前ごろ，先小御岳火山とほぼ同じ場所で**小御岳火山**が噴火をはじめました。そして，溶岩や火山灰など，大量の噴出物が積もり，先小御岳火山は埋めつくされていったんです。

あとからできた火山が前の火山を埋めて大きくなったんですね。

そうです。さらに10万年前ごろから，今度は小御岳火山とは別の噴火がおこりはじめました。これが**古富士火山**です。

小御岳をおおうように，でも少しずれて噴火したのですね！

そうです。古富士火山は爆発的な噴火をくりかえし，どんどん成長していきました。そして，いったん現在の富士山と同程度の高さまで成長したものの，約2万年前に山体崩壊(大規模な山崩れのこと)をおこし，その姿は大きく変わったとされています。

古富士火山の噴火で，かなり大きく成長したんですね。

そうですね。そして約1万年前，古富士火山の中心火口とほぼ同じ位置から，現在の富士山となる**新富士火山**が噴火をはじめます。
新富士火山からは大量の溶岩が短期間に流れだし，古富士火山や小御岳火山は溶岩で何重にもおおわれて，ほとんど埋めつくされてしまったのです。

すごいですね……。

ちなみに，古富士火山時代の山体崩壊によって，富士山は形が変わっていました。しかし，新富士火山が古富士の中心火口とほぼ同じ位置から噴火して，そこから溶岩が流れだしたため，現在のような円錐形の山体となっています。

現在の富士山は，三つの火山が年月をかけて少しずつ重なってできたものだということがよくわかりました。

新富士火山は，現在もその活動を続けているのですよ。

富士山に大量のマグマが供給され続ける理由

富士山って，いずれまた噴火をするのではないかといわれていますよね……。富士山の噴火の規模って，とんでもないでしょうね。
先生，それにしてもこれほど何回も噴火をくりかえすということは，富士山の地下深くでは，マグマが大量に生産されている，ということですか？

その通りです。
最近約1万年間のマグマ噴出率で比較した場合，富士山は1年あたり約0.01立方キロメートルで，日本一を誇ります。

日本一高い＝マグマの供給率が日本一ともいえるわけですね。
先生，なぜ富士山には大量のマグマが供給され続けているのですか？

いい質問ですね！
いくつか説はあるのですが，実はまだよくわかっていないのです。
日本列島は，世界でも類を見ない，複雑なプレート構造の上にあるとお話ししましたね。
西日本を乗せたユーラシアプレート，東日本を乗せた北アメリカプレートに，伊豆半島や小笠原諸島を乗せたフィリピン海プレートが沈みこんでいて，さらにこれら三つのプレートの下に太平洋プレートが沈みこんでいます。

はい。日本列島は，このような複雑なプレート境界に位置する，地球上で非常にめずらしい地域なんですよね。

そうです。
すでにお話しした通り，富士山の土台となる地質は，フォッサマグナの南端に伊豆半島が衝突してできたものです。また，伊豆半島をのせた，フィリピン海プレートが，ユーラシアプレートと北アメリカプレートの下に沈みこみはじめる場所でもあります。

そうなんですか!?

はい。さらにずっと深い場所，およそ150キロメートルの深さに，東から沈みこんだ太平洋プレートが存在します。この太平洋プレートから流体がはきだされ，フィリピン海プレートの下にあるマントルがとけて富士山のマグマができると考えられています。

フィリピン海プレートからの流体ではないんですね……。

このマグマが地表に到達するためには，沈みこみはじめたばかりの比較的冷たいフィリピン海プレートを通り抜けて上昇する必要があります。
したがって，フィリピン海プレートは，むしろ富士山のマグマができたり上昇したりするのを妨げるはたらきがあるのです。フィリピン海プレートに裂け目があって，多量のマグマが生まれるなどの説もありますが，これからさらに研究が必要な段階です。

富士山が日本一の原因はまだわかっていないのですね。研究が進むのが楽しみです。

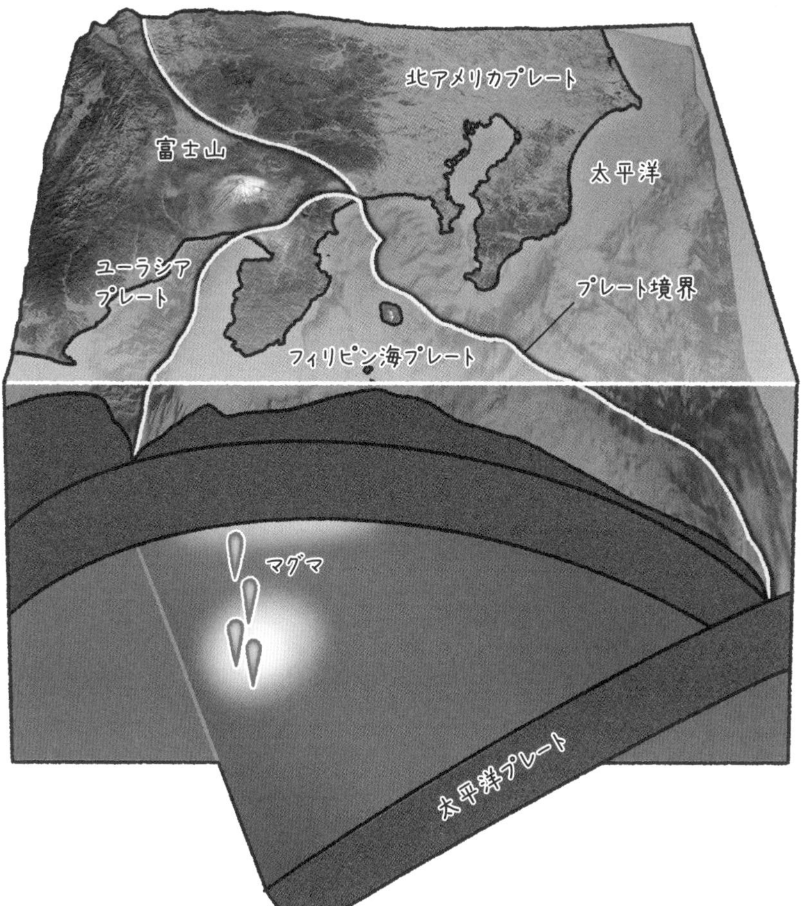

日本で最も活発な火山「桜島」

いやあ，富士山が特別な山だということがよくわかりましたよ……。そして，マグマは常に供給されていて，これから噴火する可能性があることも，よくわかりました。

そうですね。富士山は現在，噴煙を上げるなどの目立った活動は見られません。しかし，現在も活発に噴火活動をしている火山があります。それが，鹿児島県にある**桜島火山**です。
日本で最も活発な火山の一つとして知られています。

桜島の噴火は有名ですね。

そうでしょう。「桜島」として知られていますが，島自体が火山であり，実際は**北岳**と**南岳**という二つの火山が南北につらなった形をしています。
鹿児島県では，約3万年前に巨大噴火が発生しました。その噴出量は，およそ400立方キロメートルと見積もられており，1946年の桜島・昭和噴火の約4000倍の量です。
噴出したマグマは県全土をおおいつくし，マグマが噴出したあとに，**姶良カルデラ**といわれる巨大な穴ができました。現在の鹿児島湾の北部にあたります。

湾がかつての火口というわけですか。とんでもない規模の噴火ですね。

その後，始良カルデラの南側の縁で噴火がはじまり，北岳ができました。
さらにおよそ4500年前ごろから，火口のすぐそばで新たな噴火が発生し，南岳ができたのです。
現在，活発に活動しているのは南岳です。

気象庁のホームページを見ると，桜島の活動状況をくわしく見ることができます。
最近では，2022年に7月24日に，周辺住民に実際の避難をうながす**噴火警戒レベル5の噴火警報**が発令されました。レベル5の発令ははじめてのことです。
ちなみに，噴火警戒レベル5は避難，レベル4は周辺住民の避難準備，レベル3は入山規制に対応します。
2023年12月現在はレベル3の噴火警報が出ており，年間を通じて噴火が観測されています。

うーむ。桜島は，常に噴火している感じですね。桜島の場合も，富士山みたいに何か特殊な構造があるのですか。

桜島の場合，地下には，大小二つのマグマだまりがあると考えられているのです。
小さい方のマグマだまりは桜島直下の地下5キロメートル付近にあると考えられています。
そして，主要なマグマだまりと思われる大きなマグマだまりは，地下10キロメートル付近，鹿児島湾の姶良カルデラ中心部の下にあります。

マグマが二段階でたまるんですか？

はい。
大きなマグマだまりには，ほぼ一定の割合でマグマが供給され続けており，その後小さなマグマだまりへと上がっていき，そこで蓄積されていくと推定されています。

N
薩摩半島
桜島
昭和火口
南岳
北岳
すでに閉塞
した火道
火道
（マグマの通り道）
大きなマグマだまりを海面上
にもってきた場合の位置
地下5kmほどにある
小さなマグマだまり
鹿児島湾
地下10kmほどにある
大きなマグマだまり
大隅半島

桜島が活発に噴火活動をするのは，大きなマグマだまりから小さなマグマだまりへと続く既存の火道があることや，あるいはマグマが通りやすい何らかの地質的な特徴があるのではないかと推測されています。しかし，明確な原因はわかっていないのです。

そうなんですね……。

桜島の噴火がこれほどまでに警戒されているのは，大正3年（1914年）に発生した**大正噴火**という大噴火とも関係しています。
このときに噴出した溶岩は，桜島の集落をおおい，さらに海へ流れこみました。その結果，東部の大隅半島とのあいだにあった海峡が埋められて，孤島だった桜島が地続きになったのです。

海を埋めるほどの噴火ですか……。マグマだまりは，それで空にならなかったんですか？

確かに，この大噴火で，マグマだまりに蓄積されていたマグマの量はほぼ空になったと推定されています。
しかし，その後の100年間でマグマはふたたび徐々にたまり続け，現在，マグマだまりには，大正噴火直前と同水準のマグマがたまっていると考えられています。
また，2015年には1000回以上という，観測網が整備されて以来最大となる火山性地震を観測しており，その地震の前後では，桜島の火口である昭和火口の東側で，地表が最大12センチメートル盛り上がるなど，山体が膨張する動きが確認されました。

これは，地下からマグマが上がってきたことをあらわしていると考えられています。

こ，こわいですね。

下のグラフは，鹿児島市付近の水準点と，地下のマグマだまりにより近い鹿児島湾西縁の地点（大崎ノ鼻）との比高を示したものです。この変動は，鹿児島湾の地下にあるマグマだまりの体積の変化を反映していると解釈されています。
このままマグマの蓄積が進めば，2020～2030年ごろに，大正噴火直前と同水準にまでマグマがたまると推定されます。
ですから桜島は，今後さらに警戒が必要な火山なのです。

鹿児島湾の下でたまり続けるマグマ

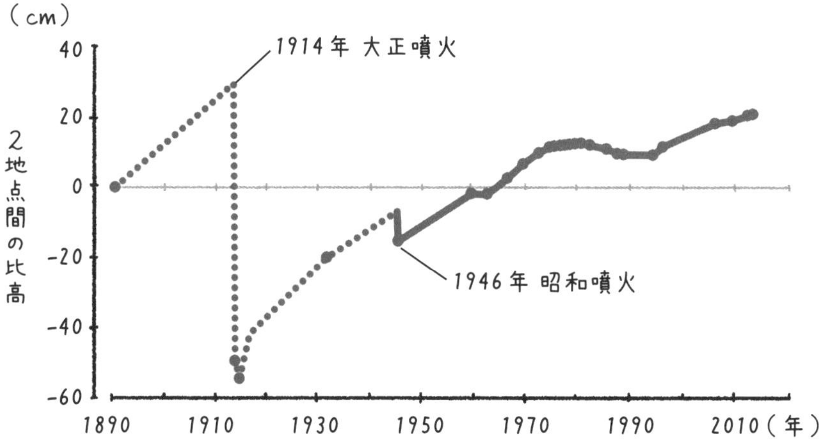

観光地「箱根」も，かつては噴火をくりかえしていた

箱根といえば，温泉などの観光地として知られています。しかし，箱根山を最高峰とし，神奈川県南西部から静岡県をまたぐようにつらなる火山群である**箱根火山**は，有史以前は，現在では想像もできないほど非常に活発な噴火をくりかえしていました。

箱根山も，伊豆が本州に衝突したあとで生まれたというお話でしたね。箱根の温泉にはよく行きますけど，火山のたまものなんですね。

そうですね。箱根火山の活動がはじまったのは約65万年前でした。この時期から約23万年前まで，箱根の地域では何度も噴火がおき，その間に中小の火山の集まりがつくられたのです。
その後，13万年前までに，大きな噴火が何度かおこり，カルデラがつくられました。また，およそ8万〜4万年前にも大きな噴火をくりかえし，新たにカルデラがつくられたと考えられています。

カルデラは，火山噴火後にできる，巨大な穴のことでしたね。何度も大きな噴火をくりかえしたのですか？

そうです。特におよそ6万年前の大きな噴火で発生した火砕流は，現在の横浜市郊外まで到達し，約70キロメートルはなれた東京に20センチメートルもの火山灰を積もらせたといわれています。その後，約3000年前ごろまで噴火をくりかえし，現在のような箱根の地形となったのです。

その後はまったく噴火していないのですか？　確か箱根にも桜島と同じように，警戒警報が出たことがありましたね。テレビニュースで毎日のように報道されて，箱根にしばらく行けなかったので，よく覚えています。

その通りです。2015年6月29日，30日と，箱根火山で小規模な噴火がおきました。
それより前の4月26日ごろから大涌谷では火山性地震が活発化し，5月5日に117回の地震を記録したことから，気象庁は5月6日に噴火警戒レベルを1から2に引き上げました。

近年の箱根火山の噴火も，桜島と同じように，やはり地下のマグマがたまりにたまって……という感じですか？

箱根の場合は，ちょっとちがうんです。
すでにお話ししましたが，**火山の噴火のタイプは，大きく三つに分けることができます。**一つ目は，マグマが地表に噴出する**マグマ噴火**です。これは，桜島や，ここまでお話ししてきた，一般的な火山の噴火です。

二つ目は，地下水などがマグマの熱で水蒸気となり，引きちぎられたマグマとともに火口から噴きだす**マグマ水蒸気噴火**です。

そして三つ目は，マグマは噴出せず，水蒸気などの火山ガスが一気に噴きだす**水蒸気噴火**です。

これら三つの噴火のタイプは，火口からの噴出物から判断できます。

マグマ噴火とマグマ水蒸気噴火では，溶岩が流れたり，マグマのしぶきが固まった**火山砕屑物**《かざんさいせつぶつ》が降り積もったりします。

なるほど。マグマ噴火の場合は，溶岩そのものだったり，溶岩が混じっていたりするんですね。

そうです。2015年6月におきた箱根噴火の噴出物を調べたところ，マグマからの噴出物は検出されず，熱水変質を受けた鉱物がみられました。また，流体の移動にともなっておこるような地震も観測され，熱水が噴火の源と考えられます。これらのことから，2015年の噴火は水蒸気噴火だと判断されます。

水蒸気噴火の場合は，マグマが噴出しないんですね。

ところで，水蒸気噴火ってどうやっておこるのですか？

熱せられた地下水が水蒸気となって一気に噴出したり，火山ガスが蓄積して圧力が高まって爆発するなどの原因が考えられます。2015年の箱根の水蒸気噴火は，粘土鉱物などを含む層がふたの役割をして圧力が高まり，噴火した可能性があります。

確かに，火山の近くって硫黄のにおいがしたり，有毒ガスが出たりして危険だったりしますね。

ポイント！

爆発をともなう噴火には大きく３種類ある。

①マグマ噴火……主にマグマが地表に噴出しておこる噴火。

②マグマ水蒸気噴火……地下水など，マグマの周囲にあった水が，マグマの熱などで水蒸気となり，引きちぎられたマグマとともに火口から噴きだす。

③水蒸気噴火……マグマは噴出せず，水蒸気などの火山ガスが一気に噴きだす。熱せられた地下水が水蒸気となって一気に噴出したり，火山ガスが蓄積して圧力が高まって爆発するなどの原因が考えられる。

長期間にわたって地盤のすき間を火山ガスや流体が通り続けると，変質鉱物や新たな鉱物ができることがあります。
この現象が続くと，地盤のすき間がふさがれてしまうことになります。

それがふたの役割をするということですか？

その通りです。
シーリングゾーンとよばれる“バリア”のようなものがつくられます。シーリングとは**「ふさぐ，密閉する」**という意味です。

それで圧力が高まるのですか？

はい，そうです。
あるとき，シーリングゾーンが耐えきれずにこわれると，一気にガスが噴きだすことになるのです。

ドッカーンと爆発してしまうわけですね。

たまったガスが抜けると，活動はおちつきます。
実際，2015年におきた水蒸気噴火のあと，2019年に警戒レベル2の噴火警報が出されましたが，それ以外，箱根火山はふたたび静けさを取りもどしているといえます。

9万年前，九州北部を壊滅させた「阿蘇山」

警報が発令された火山として，熊本県の阿蘇山こと**阿蘇火山**も有名です。2021年10月21日，阿蘇山の中岳が噴火し，噴煙が火口上空3500メートルまで上がり，火砕流が火口の西側約1300メートルまで到達しました。また，大きな噴石（噴火によって吹き飛ばされる火口付近の岩）が，南方へ900メートル飛散しました。幸い，この噴火での死傷者は出ませんでしたが，今後も阿蘇山では同規模の噴火がおこる可能性が高いと考えられています。

阿蘇山も活発なんですね。

そうですね。阿蘇山では，2015年9月にも，同規模の噴火がおきています。その際，気象庁ははじめて**噴火速報**を発表しました。

噴火速報？

はい。噴火速報は，登山者や周辺の住民に対して，火山が噴火したことを端的にいち早く伝え，身を守る行動を取っていただくために発表されます。2015年8月から運用が開始されました。
阿蘇山では，2015年8月8日から時々ごく小規模な噴火が発生し，9月14日9時43分に小規模な火砕流を伴う噴火が発生しました。この噴火の約7分後，9時50分に気象庁は噴火速報を発表しました。

早いですね。そのようなシステムがあると，被害を最小限におさえることができますね。ところで，阿蘇山はそんな速報を必要とするほど警戒されているわけですか？

その通りです。
阿蘇山として知られる阿蘇火山は，南北25キロメートル，東西18キロメートル，面積380平方キロメートルにおよぶ世界最大級のカルデラ地形をもっています。
カルデラの外側には，火砕流によってできた外輪山があり，カルデラの中側には，**阿蘇五岳**とよばれる中央火口丘群があります。中央火口丘とは，大きな火口やカルデラの内側に，あとからできた火山群のことです。
阿蘇五岳は，現在活動をしている中岳をはじめ，高岳，烏帽子岳，杵島岳，根子岳の五つからなり，カルデラ地形や外輪山も合わせて阿蘇山といいます。

「阿蘇山」という単体の山はないんですね。

そうです。
この巨大なカルデラ地形の構造や噴出物の研究から，阿蘇山はこれまで幾度となく，超巨大な噴火をおこしていることがわかっています。

超巨大噴火ですか……。

はい。約9万年前，約13万年前，約14万年前，そして約26万年前と，4回の超巨大噴火をおこしているのです。
とくに，約9万年前におきた**Aso-4**とよばれる噴火の規模は非常に大きなものでした。

どれぐらい大きい規模だったんですか？

この噴火によって，現在の巨大なカルデラがつくられたのです。Aso-4によって噴出した火砕流は，現在の九州北部から山口県にまで達しました。

山口県って！　火砕流がそこまで達したなんて，どれだけすさまじい火砕流だったんだろう……。

火砕流だけではありません。大量の火山灰が日本全土に降り積もりました。その量は，西日本で50センチメートル以上，北海道東部でも約15センチメートルの堆積が確認されているのです。

約9万年前におきた阿蘇山の大噴火で発生した火砕流

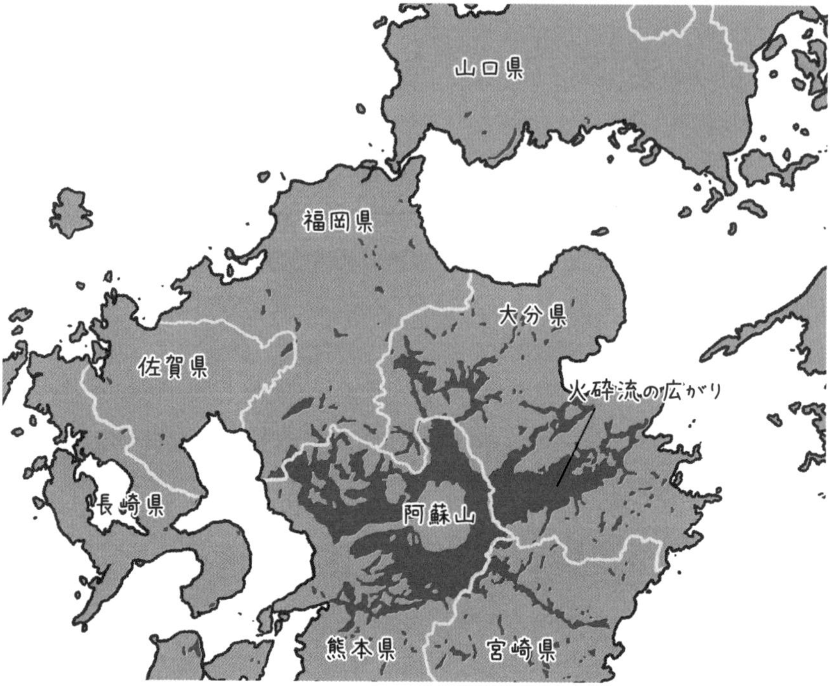

北海道にまで……日本全土をおおうだなんて，すさまじいですね。
もし，もしですよ，現代で同じ規模の火砕流が発生したら，どうなってしまうのですか？

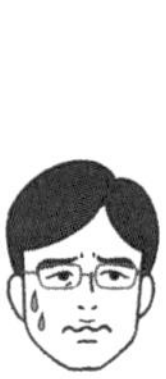

そうですね。火砕流発生後，2時間程度で数百万人の人々が暮らす領域をおおいつくすと推定されています。
阿蘇山の地下では現在もなお，着々とマグマがたまりつづけていると考えられます。
しかし，阿蘇山噴火のもととなるマグマだまりがどこにあるのか，その大きさはどれくらいなのかなどについては不明な部分も多く，研究が進められているところなのです。

陸地誕生の現場「西之島」

日本列島には，陸地にある火山だけでなく，海底火山も存在しています。2013年11月20日，海底火山の噴火によって，小笠原諸島にある近海に，小さな島（新島）が出現しました。

この島はその後も噴火活動をつづけ，噴火開始からおよそ1か月後の12月26日，ついに西之島と接続し，一つの島となりました。

それから2年，西之島は活発な噴火活動を続け，海上保安庁によると，**2015年7月までに噴出した溶岩や火山弾の量は，1億6000万立方メートル（東京ドーム約129杯分）に達し，11月の時点で東西1.9キロメートル，南北1.95キロメートルの大きさにまで成長したといいます。**そして2022年3月現在の西之島は，面積2.9平方キロメートル，標高160メートルまで成長しています。

西之島の形状変化図

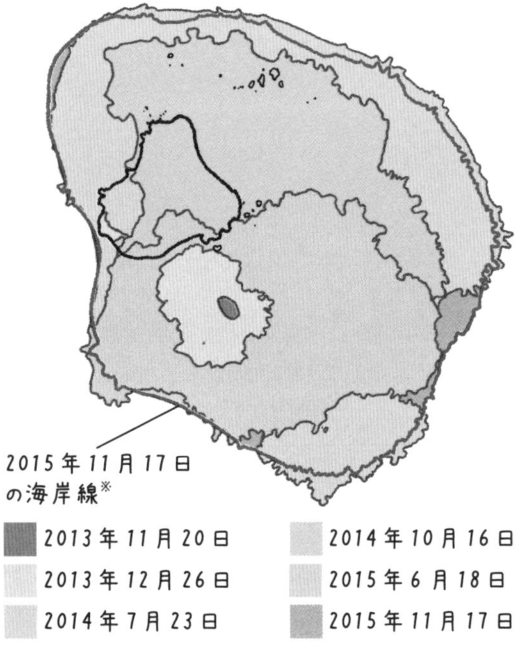

※：波などによって陸地が削られるため，現在の海岸線と，最も外の縁の線は一致しない。

すごい！
噴火で新しい島ができて，しかも成長しているなんて。
陸地がふえるということですか？

まさにその通りです。どのように日本列島のような島弧が成長していくのか，この西之島を研究することで具体的にわかってくると期待されます。

新島が海底から姿を見せた（2013年11月21日）。

新島が旧島に乗り上げて成長をつづけているようす（2014年1月14日）。

噴火をくりかえす火山島「口永良部島」

近年，噴火をくりかえしている火山島に，**口永良部島《くちのえらぶじま》**があります。
口永良部島は，鹿児島県の南海上東シナ海に浮かぶ，周囲50キロメートルのひょうたんのような形をした島です。約100人ほどが暮らしていて，縄文杉で有名な屋久島の西12キロメートルの海上にあり，種子島などとともに大隅諸島を形成しています。

また，九州ですね。

口永良部島には，**古岳**と**新岳**という二つの火山があり，ここ1万年ほどの噴火はこの二つの火山でおきています。中でも新岳は，この200年ほどのあいだに多くの噴火が記録されています。
特に，2015年5月29日に発生した新岳（標高626メートル）のマグマ水蒸気噴火は，**平成27年口永良部島噴火**として知られています。この噴火では，噴煙は上空1万メートルの成層圏にまで達し，火砕流も発生して火口からすべての方向に流れだしました。
また，西へ流れた火砕流の先端からは，**火砕サージ**といわれる，火砕流にともなって発生する高熱の爆風が派生しました。火砕サージは海に達し，さらに海上を1キロメートルほど進んだといいます。

こわい！
島民の方々は無事だったのですか？

火砕流の到達範囲

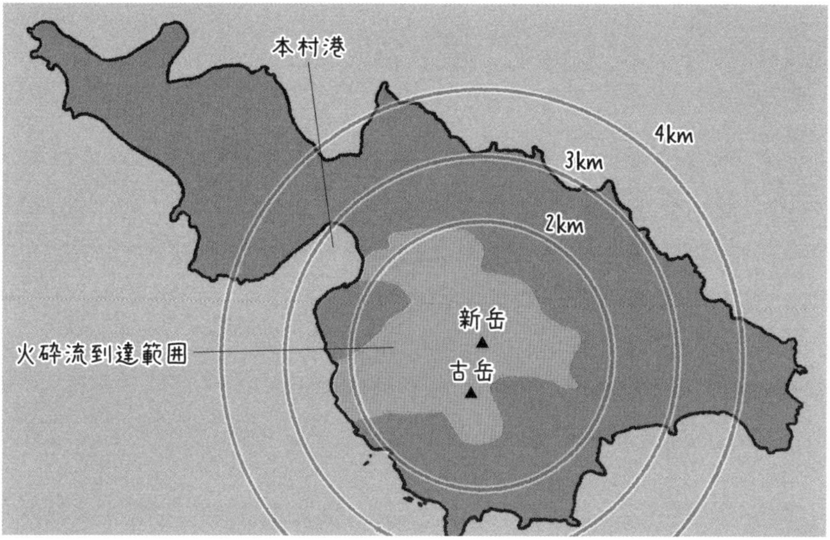

はい。このとき，気象庁は噴火警報レベルを導入以来はじめての，最高レベルの**噴火警報5**を発令しました。全島民は隣の屋久島に避難し，同年12月まで屋久島で避難生活を余儀なくされました。しかし，この噴火による犠牲者は幸い1人も出ませんでした。

本当によかったです。

最近では，2020年5月に，比較的小規模ではあるものの連続して噴火が発生しており，今後も引き続き警戒が必要な状況です。ここまで，代表的な火山をご紹介してきました。現在は活発な活動をしていなくても，マグマの供給源となる熱いマントルウエッジや水分を含む沈みこんだプレートがあり，常にマグマがつくられているため，いつ噴火がおきてもおかしくない状況です。
STEP3では，噴火そのものについて見ていきましょう。

STEP 3

火山と噴火

火山の最も大きな特徴は噴火でしょう。中には，地球的な規模で生物や環境を壊滅させるような超巨大な噴火もあります。ここでは，噴火に焦点を当てて見ていきましょう。

溶岩のタイプによる噴火の種類

日本の代表的な活火山をいくつか見てきました。ここまでお話ししてきたように，日本列島は複数のプレートがせめぎ合う位置にあります。その影響で日本の地表には多くの火山が生まれました。現在，日本には111の活火山があり，そのうちのいくつかは，**いずれ破局的な影響をもたらす，超巨大噴火をおこす可能性があると考えられています。**

超巨大噴火!?

これまでのお話から，噴火の威力をしみじみと感じています……。一体そんな噴火がおきたら，どうなってしまうんだろう。

ではここからは，「噴火」という現象にスポットを当て，噴出物や噴火種類など，噴火にまつわる要素について見ていきましょう。あとから，超巨大噴火についてもお話しいたします。

お願いします。ちょっとこわいですが。

まず,「火山の噴火」というと,ドカーンと爆発して,火山灰を大量に出すというイメージかもしれません。でも実際は,火山噴火にはいろいろな種類があるのです。

そうなんですか。

たとえば富士山は,この2000年のうちに2度,大きな噴火をおこしましたが,その噴火様式はそれぞれことなるものでした。

2回の大噴火というと,前にお話があった「貞観噴火」と「宝永噴火」ですか。

その通りです。1度目は864年から866年の「貞観噴火」です。864年(貞観6年),富士山北西麓の一合目から二合目付近にかけて生じた割れ目から,溶岩があふれだすように噴出し,扇状に広がりながらふもとの湖にも流れこみました。このような噴火を**割れ目噴火**といいます。

火山っぽくないですね。

アイスランドやハワイでの噴火のように，地球全体で見ると，割れ目噴火はけっしてめずらしくありません。海嶺でのマグマ噴出も，割れ目噴火といってよいでしょう。

そうすると，どかーんと爆発して噴火する方がめずらしいのですか？

そうではありません。富士山に話を戻すと，最近2000年間のうち，2回目の噴火である1707年の「宝永噴火」は爆発的で，大量の火山灰を噴出しました。

火山の噴火らしい感じですね。

このような噴火を**プリニー式噴火**とよびます。大量の火山ガスとマグマの破片が，数十キロメートル上空へと吐きだされるもので，火山噴火の中でも爆発力が大きい噴火です。近年では，1991年におこった，フィリピンの**ピナトゥボ火山**の噴火が，プリニー式噴火でした。
プリニー式噴火の多くは，粘り気の高いマグマがおこす噴火形式なんです。

粘り気の高いマグマがおこす噴火，ということは，マグマの種類と噴火の種類って関係しているんですか？

お察しの通りです。実は，噴火のタイプを決める要素の一つが，マグマの粘り気なのです。

マグマの粘り気ってイメージできないんですが。ねばねばしたマグマってことですか……？

ざっくりいうと，流れにくいか流れやすいかのちがいです。粘性が高い＝流れにくい，粘性が低い＝流れやすいということです。

マグマの粘り気が高いと，噴火は爆発的なものとなる傾向があります（次のページのイラスト）。爆発の主な原因は，すでにお話しした火山ガスなどの揮発性成分，つまり気体の急激な膨張です。地下からマグマが上昇して圧力が下がると，マグマにとけていた揮発性成分が小さな気泡をつくりはじめます。あとでくわしく述べますが，これを**減圧発泡**とよびます。マグマの粘性が高いと，この泡や揮発性成分が抜けにくく，爆発の原因となりやすいのです。一方，マグマの粘性が低いと泡や揮発性成分がぬけやすくなります。

ドロドロのマグマは爆発しやすいんですね。

粘性が高くても何かの理由で揮発性成分が抜けてしまうと爆発せず，「溶岩ドーム」ができることもあります。しかし粘性が噴火の様式に大きく影響することにかわりはありません。

なぜサラサラになったりドロドロになったりするんですか？

そのちがいをもたらす主な要因は，マグマに含まれる**二酸化ケイ素（SiO_2）**の量です。

二酸化ケイ素は，ケイ素（Si）と酸素（O）からなり，岩石の主要な成分であり，特に地殻の岩石に多く含まれています。シリカともいわれます。

噴火様式は，マグマの性質によってことなる

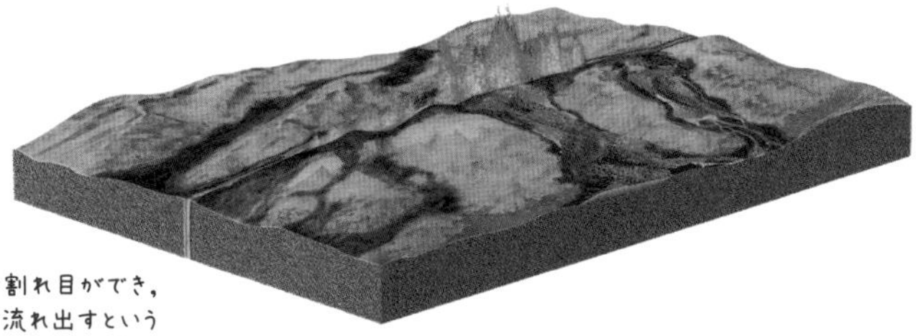

割れ目噴火

地表に直線状の長い割れ目ができ，そこから大量の溶岩が流れ出すという特徴をもつ噴火。マグマの粘り気は低い場合が多い。富士山は割れ目噴火をおこしている。また，アイスランドやハワイでは，多くの割れ目噴火が見られる。

プリニー式噴火

火山噴火の中でも爆発力が大きいものが，この「プリニー式噴火」である。大量の火山ガスとマグマの破片が，数十キロメートル上空へと吐き出される。非常に粘り気の高いマグマがおこすことが多い。

1991年，フィリピンのピナトゥボ火山，2010年のアイスランド・エイヤフィヤトラヨークトルでプリニー式噴火がおきた。また，2022年に海底でおこったフンガ・トンガ＝フンガ・ハアパイ火山の噴火は，プリニー式噴火が海水の影響により激しくなったものと考えられており，水蒸気プリニー式噴火とよばれる。噴煙の高さは観測史上最高の57kmに達し，噴火にともなって発生した津波は日本にもおしよせた。

シリカの含有量は，マグマがつくられるときにとかされる岩石の種類や量，マグマだまりで噴火を待つあいだにどのくらい冷えて結晶が沈積するかなどによって決まります。
おおまかには，シリカの量が多いほど粘り気が高くなり，少なくなるほど粘り気が低くなっていきます。

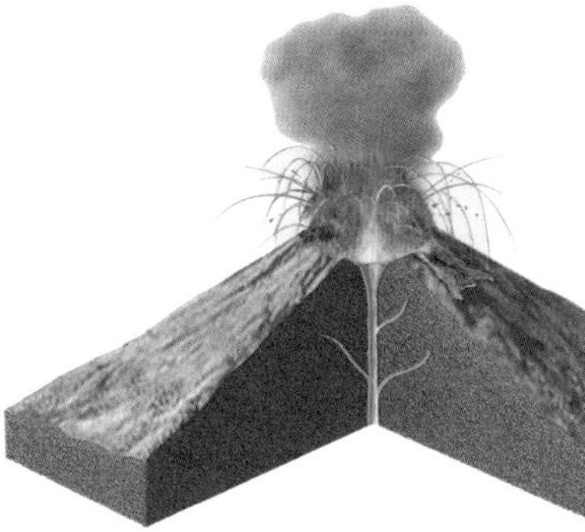

ストロンボリ式噴火

ハワイ式噴火をおこすマグマよりもやや粘り気が高い場合におこることが多い。イタリアの火山島である「ストロンボリ島」がおこす噴火のスタイルから名づけられた。溶岩を噴水のように噴き上げるという特徴がある。西之島は，ストロンボリ式噴火をくり返すとともに，ふもとから溶岩を流しつづけた結果，現在の姿になった。

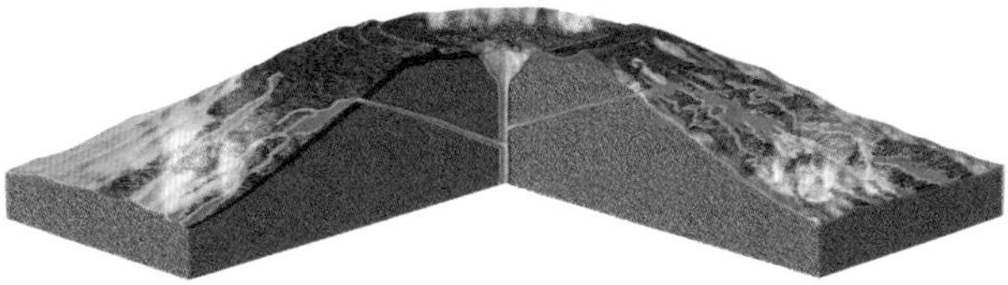

ハワイ式噴火

マグマの粘り気が低い場合，大量の溶岩を流し，爆発をともなうことが少ない「ハワイ式噴火」となる。ハワイのキラウエア火山など，楯状火山で見ることができる。

プレー式噴火

マグマの粘り気が高い場合，マグマはだらだらと流れることなく，火山の山頂部分で固まる。このかたまりを「溶岩ドーム」とよぶ。その後，内部からの圧力によって溶岩ドームが崩壊すると，中に蓄積されていたマグマが噴出し，火砕流が発生する。これが「プレー式噴火」である。1991年に雲仙普賢岳でおきた噴火の様式の一部がプレー式だった。

ふむふむ。シリカの含有量が鍵ということなのですね。

マグマが冷えて固まった岩石は，シリカの含有量によって，ことなる名前がつけられています。

そうだったんですか？

はい。最もシリカの含有量が少ないのは玄武岩です。それでも岩石の重量の50％前後がシリカです。次に安山岩で60％前後，最も多いのは**流紋岩**という岩石で，シリカの含有量が70％前後です。
玄武岩も安山岩も流紋岩も，名前はちがいますが，「マグマが冷え固まってできた岩石」という意味では同じもので，**火成岩**とよばれます。

なるほど。

シリカが多くなると，鉄やマグネシウムなどを含む黒っぽい鉱物の量が相対的に少なくなります。そのため，シリカの多い石は白っぽい色に，少ない石は黒っぽい色になります。

溶岩流，火砕流，火山灰はどうやって生じるのか

先生，噴火がおきると**火山灰**が発生しますよね。
灰というからには，何かが燃えたわけですよね。火山灰って，何が燃えた灰なんですか？

火山灰は，私たちがイメージする燃えカスとしての灰ではないんです。

そうなんですか？

はい。火山噴火では，火山灰のほか，先ほどお話しした**火砕流**や**溶岩**など，さまざまな噴出物が発生します。その主なものを一つずつ見ていきましょう。
噴火の際，地下のマグマだまりから，火道（マグマが火口に至るまでの通り道）をマグマが上がってきます。

このときには，まだ火山灰，火砕流，溶岩といった区別はないのですね？

はい，まだありません。マグマには，水蒸気や二酸化炭素，硫化水素といった揮発性成分，つまり気体になりやすい成分が含まれています。
しかし，地下深くは圧力が非常に高いため，これらの揮発性成分はマグマの中にとけこんだ状態にあります。

ふむふむ。

そして，マグマが火道を上昇し，地表に近づくにつれ，マグマにかかっていた圧力は下がっていきます。
すると，マグマの中にとけこんでいた揮発性成分が気体つまり火山ガスとなってあらわれることになるのです。
最初は小さな気泡となってあらわれます。この現象を**減圧発泡**といいます。

えっ！　泡ですか。

減圧発泡は，日常でも見ることができるんですよ。たとえば，炭酸飲料のふたを開けると，二酸化炭素が泡となって出てくるでしょう？　あれも減圧発泡です。瓶や缶に密封されて圧力がかかっていた状態から，ふたを開けることで減圧され，飲み物にとけこんでいた二酸化炭素が気体になるんですね。

缶ビールを開けたときの**プシュ〜！**　はそういうことだったんですね。

そうです。すでにお話ししましたが，この減圧発泡のときに，もしマグマの粘性が高くドロドロだった場合，火山ガスの気泡はマグマからなかなか抜けることができません。
そして最終的に，マグマを粉々にしながら，爆発的に火口から噴きだすこととなるのです。

なるほど！
先ほど，「マグマの粘り気が高いと，噴火は爆発的なものとなる」ということでしたが，そういうことだったんですね。

はい。こうしてかたまりのまま火口から飛びだしたマグマは，穴だらけの**軽石**になったり，飛びながら変形してラグビーボールのような形に固まります。

冷えて固まるわけですね。

そうです。
マグマが固まってできる岩石にはいろいろな分類があります。噴火によって火口から噴出した物質は，溶岩流を除いたものをまとめて**火山砕屑物**《かざんさいせつぶつ》といい，その大きさによって**火山岩塊**，**火山礫**，**火山灰**に分類されます。

こ，細かいですね。

はい。軽石は，この中で，比較的軽くて白っぽい色のものです。ちなみに軽石のたくさんの穴は，減圧発泡の際に，ガスの成分がマグマからとけだしたり，抜けだしたりした痕跡です。
また，軽石の中でも黒っぽい軽石は**スコリア**といい，マグマの中に含まれるシリカの含有量が比較的少ないです。

軽石の穴って，そうやってできたのか……。

また，マグマが飛んでいる途中や着地時に変形したり，特徴的な模様や構造をもつようになったものは，**火山弾**といいます。
ラグビーボールのような紡錘状のほか，リボン状，牛糞状，パン皮状などがあります。

いろいろな形があるんですね。

また，**爆発的な噴火がおきると，火口周辺の岩石などがふき飛ばされ，直径約50センチメートル以上の噴石が火口から数キロメートル程度も飛ぶこともあります。**

岩が1キロメートル以上飛ぶ!?
そんなのが飛んできたらひとたまりもないですね……。

すごいでしょう。
一方で，小さく砕けたマグマや岩石の破片は**火山灰**となり，上空の風に乗って流され，場合によっては数百キロメートル以上の遠方まで飛んでいくことになります。

火山灰って，何かの燃えカスではなくて，マグマがすごく細かくなったものだったんですね！

そうです。**マグマが冷えて固まり，細かく砕け散った粒子が火山灰です。**
そして，火山灰と火山ガスが，まわりの空気を取りこみながら上空に向かって立ち上がったものが**噴煙**です。

まわりの空気も取りこむのですか？

そうです。空気を取りこめないと，あまり高くまで上がれず，下に落ちてきて火山の斜面を流れ下っていく場合があります。これが**火砕流**です。

火砕流って，そんなふうにできるのですか…。

はい。火砕流にはほかにもいくつか種類があり，発生する原因やしくみがことなりますが，いずれも斜面や地面に沿って，噴出物や火山ガスが高速で流れる現象で，非常に危険です。

こわっ！

さて，ここまでは，マグマが粘り気のある場合です。
しかし，マグマの粘り気が低くサラサラだった場合は，噴火に至る前にガスが抜けやすく，比較的静かに地表に流れだす場合が多いです。これが**溶岩流**です。

そういうことですか！
噴火について，だいぶハッキリしました。

マグマの粘性が低くても，揮発性成分がたくさん含まれていたり，高速で上昇してきた場合など，なんらかの原因で火山ガスが抜けない場合には，爆発的に噴火することがあります。研究者の間でよく知られているのは，ドイツ・アイフェル火山群や，キンバーライトとよばれる特殊なマグマの噴火です。

キンバーライト？

アフリカなどの大陸地域に見られるマグマで，ダイヤモンドを含むマントルの岩石塊が，マグマと一緒に高速で上昇してくることがあります。

ダイヤがとれるんですか!?

はい，キンバーライトの噴出した場所がダイヤモンドの鉱山になることがあります。

ポイント！

火山はさまざまなものを噴出する

火山砕屑物

噴火によって火口から噴出した物質の総称（溶岩を除く）

火山岩塊……64mmより大きいもの

- 火山弾　噴出時に発泡したマグマが，空中や着地時に変形したり，特徴的な模様や構造をもつようになったもの。

火山礫……2mm以上64mm以下

- 軽石　多孔質で軽く，白っぽい色のもの（安山岩質など）。
- スコリア　軽石のうち，黒っぽい色のもの（玄武岩質）。

火山灰……2mm以下

発泡して細かく砕けたマグマが冷えて固まったもの。ガラスや鉱物の結晶から成る。大規模な噴火の場合，成層圏に達して世界中に広がったり，火山灰中の二酸化硫黄が微小な液滴（エアロゾル）となって太陽光をさえぎり，世界規模の異常気象を引きおこすことがある。

火山ガス……火口や噴気孔から噴出するガス。大半が水蒸気だが，二酸化炭素や二酸化硫黄，硫化水素などの有害な気体の割合が多いと中毒などの被害をおこす。

噴煙……火山灰と火山ガスが周囲の空気を取りこみ，上空へ立ち上ったもの。

火砕流……噴出した火山砕屑物が，空気を取りこめず，落下して斜面を高速でなだれ落ちてくるもの。火砕流の内部は数百度に達することがある。

溶岩流……粘性が低く，すぐにガスが抜けたマグマが，爆発せずに地表に流れだすもの。温度は900～1200℃のものが多い。

溶岩
山腹の割れ目噴火

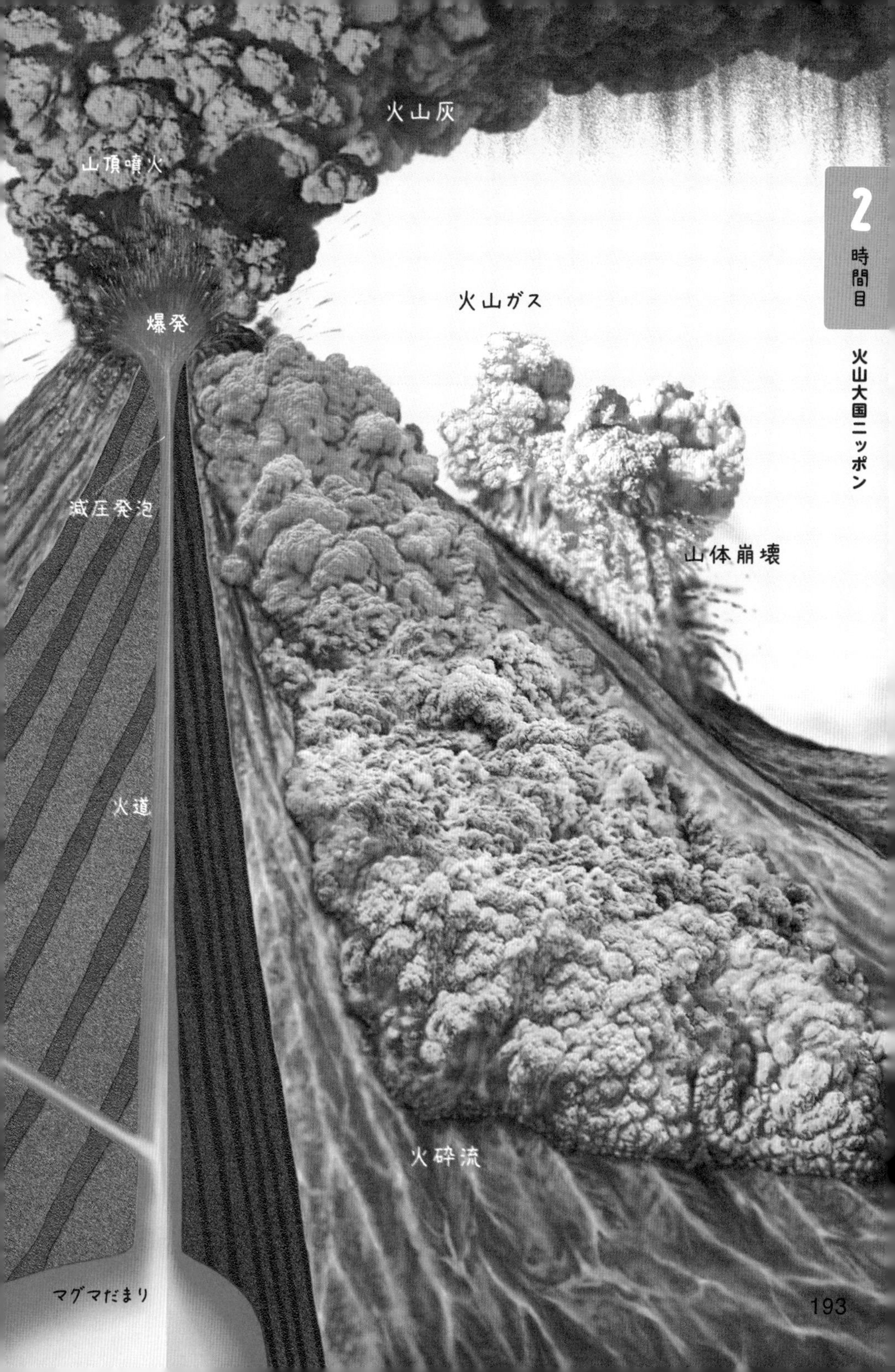
火山灰
山頂噴火
爆発
火山ガス
減圧発泡
山体崩壊
火道
火砕流
マグマだまり

おそろしい！　溶岩流，火砕流，火山灰の脅威

先生，もし近くで火山が噴火して，溶岩が流れてきたら，どうしたらいいんでしょう。パニックになってしまいそうです。

そうですね。マグマに含まれるシリカの量にもよりますが，多くの場合，溶岩流が流れる速度は，人が歩く速度よりもゆっくりなんです。ですから，人が溶岩流に巻きこまれて亡くなるケースは少ないんですよ。

そうなんですか？

はい。しかし，**溶岩のおそろしいところは，まず温度がとても高いこと，そしてすべてを埋めつくしながら，あとからあとから止まることなく流れていくことです。**そのため，集落が丸ごとのみこまれて焼きつくされてしまうケースも少なくありません。

おそろしいですね。

日本で，溶岩流が風景を一変させた例として，群馬県にある**鬼押出し**が有名です。
鬼押出しは，1783年の浅間山の噴火で流れだした溶岩が固まってできた地形です。この噴火で流れだした溶岩は，山頂火口から北方へ約5.5キロメートル，幅は800メートル～2キロメートルにもおよぶといわれており，固まった溶岩の厚みは最も厚いところで50メートルをこえると考えられています。

厚みが50メートル!?

はい。その溶岩流よりもはるかに危険であり，火山災害の中で最もおそるべきものは，火砕流です。
条件によっては，500℃以上の高温かつ時速100キロメートル程度でせまってくる火砕流が発生することもあります。

そんな！　火砕流って，噴煙が立ちのぼらずに，火山の斜面を降りてくるものですよね。そんなにすごいスピードなんですか。

はい。爆発的噴火の場合，噴煙の柱は上空高くまで噴き上がります。すでにお話ししましたが，あまり空気を取りこめない噴煙は，ある高さで周りの空気よりも重くなって上昇をやめて崩れ，下向きに流れはじめます。噴煙が大きいほど，量も速さも大きくなります。このような火砕流が町を直撃すると，最悪の場合，町が壊滅してしまいます。

壊滅……。

九州南部にあるシラス台地は，鬼界カルデラや姶良カルデラなどが幾度も噴火した際に発生した火砕流が堆積したもので，その厚みは数十メートルにもおよびます。こうした地形は火砕流台地といいます。

火砕流，おそろしすぎますね。

それから，忘れてはならないのが**火山灰**です。

火山灰って，マグマが細かくなったものじゃないんですか？

火山灰も，大きな災害をもたらす可能性があります。
おっしゃる通り火山灰は，噴出したマグマが細かく砕けて冷え固まったものです。しかし，灰という名がついてはいるものの，その成分は鋭利なガラス質の岩石紛なのです。

うわ……。

火山灰は水を含むと重くなり，その後乾燥すると固まってこびりつきやすい性質があります。このため，側溝や下水道管がつまったり，車がスリップしやすくなったり，短絡停電を引きおこしたり，いろいろな被害がおこりえます。さらに，車，飛行機，鉄道は，火山灰がエンジンに吸いこまれると，排出口で目詰まりをおこし，エンジンがストップする可能性があります。
さらに，東京のような大都市に火山灰が降った場合，事態はさらに深刻です。火山灰はありとあらゆる精密機械に入りこみ，故障をおこす可能性があるのです。
そうなればさまざまな情報システムに制御されている現代社会は，復旧までに膨大な時間を必要とするでしょう。

火山灰がここまで影響をあたえるとは……。想像できませんでした。

九州の縄文文化を滅ぼした超巨大噴火

STEP2で，日本の代表的な活火山をいくつか見てきました。お話ししたように，現在，日本には111の活火山があり，そのうちのいくつかは，**超巨大噴火**をおこす可能性があると考えられています。

超巨大ですか……。一体どれほどの規模なのか，想像もできません。

日本は過去に幾度も超巨大噴火を経験してきました。ここから，超巨大噴火について，見ていきましょう。
まず，超巨大噴火とは，全地球的規模で，環境や生物に破局的な打撃をあたえるほどの大噴火のことをいいます。
日本の気象庁では，噴火の規模表現について厳密に定義していないとしつつ，参考として「超巨大噴火＝噴出物量が10^{10}トン以上の噴火（カルデラ噴火または破局（的）噴火ともいう）」としています。
また，最近の研究では，10^{12}トン以上の噴出物をともなう噴火が，統計的には17000年に一度程度おこっており，これを超巨大噴火とよんでいます。いずれにしても，これらの規模の噴火は，全地球的な影響を引きおこします。

全地球に影響……。

はい。アメリカに，**イエローストーン**とよばれる，地球上で最大級の巨大火山があります。イエローストーンは現在，地球上にある火山の中で，超巨大噴火の可能性が最も高いといわれています。実際，イエローストーンは約65万年前，約130万年前，約210万年前の3回，超巨大噴火をおこしており，地球全体に大きな影響をあたえているのです。

世界最大級の火山が，超巨大噴火をおこすんですか……。

最近の研究によると，イエローストーンの地下には，二つのマグマだまりがあることがわかっています。浅いものは地表下5～17キロメートルの深さにあり，90×40キロメートルの広さがあります。深い方は地表下20～50キロメートルの深さにあり，その面積は浅い方のマグマだまりの4.5倍ほどもあると推定されています。
もし，ここに貯まっている膨大な量のマグマが噴出した場合，降灰による気候変化など，世界規模の影響をあたえる可能性があります。

まさに地球規模ですね。

また，イエローストンに最も近いモンタナ州，アイダホ州，ワイオミング州の周辺は火砕流の影響を受けることが予測されています。

えっ，そんなに広く……

日本も対岸の火事ではありません。日本列島にも，超巨大噴火がおきる可能性をもつ火山があります。
その一つが，現在の桜島から南の沖合約100キロメートルにある**鬼界カルデラ**（直径およそ20キロメートル）です。
7300年前，この鬼界カルデラが超巨大噴火をおこしました。

すごく大きいカルデラですね……。

はい。このカルデラの噴火によって発生した火砕流は，海をわたって鹿児島県南部に到達するなどし，最終的には半径100キロメートルの範囲にまで広がったのです。
また，火山灰は各地に降り積もり，近畿地方南部に20センチメートル，関東地方でも数センチメートルに達したといいます。

半径100キロメートル圏内の生き物は絶滅してしまったでしょうね。

動物や植物だけではありません。鬼界カルデラの巨大噴火は，私たち人間にも大きな影響をあたえたのです。
当時，日本では**縄文文化**が栄えていました。実際に，この噴火による噴出物よりも下の地層からは，当時の遺跡が発掘されています。
ところが九州地方では，この噴火の噴出物の地層を境にして，上の地層からは縄文遺跡や土器などが出土しなくなるのです。**つまり，鬼界カルデラによる超巨大噴火は，九州地方の縄文文化を壊滅させてしまったのではないか，と考えられています。**

九州の縄文文化が壊滅するなんて，とんでもないですね。

また，近年の研究により，鬼界カルデラ内の海底に巨大な**溶岩ドーム**が存在し，現在も活発なマグマ活動を続けていることが明らかになったのです。
溶岩ドームとは，火口から流れでたマグマが，粘り気が強いためにあまり流れていかず，火口付近に盛り上がり，固まってできたドーム状の地形です。

溶岩ドームがあるんですか？　しかも活発に活動中だなんて，こわすぎます！

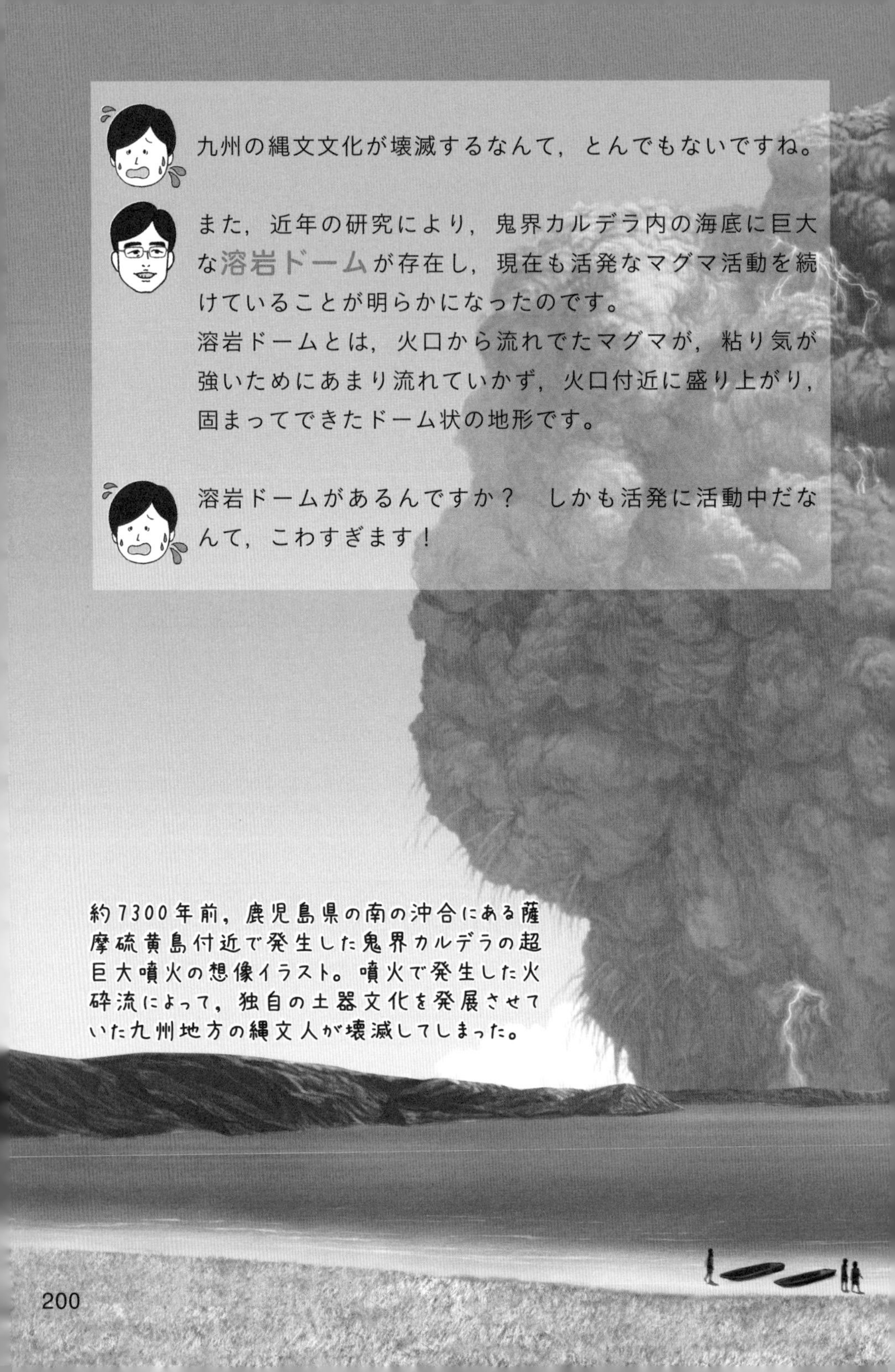

約7300年前，鹿児島県の南の沖合にある薩摩硫黄島付近で発生した鬼界カルデラの超巨大噴火の想像イラスト。噴火で発生した火砕流によって，独自の土器文化を発展させていた九州地方の縄文人が壊滅してしまった。

この溶岩ドームは，直径約10キロメートル，高さ約600メートルで，体積は少なくとも約32立方キロメートルとされ，溶岩ドームとしては**世界最大級**の大きさであることがわかっています。

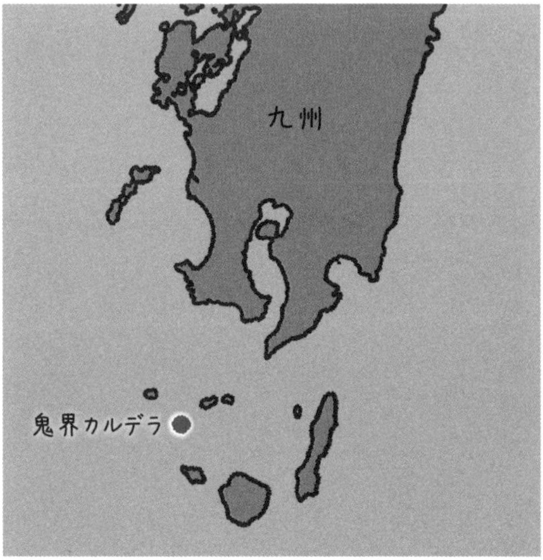

そんなに大きいのですか！

また，ドームから採取した岩石は，過去の巨大噴火で形成された岩石とは化学的な組成がことなり，近年も火山活動がみられる薩摩硫黄島などの岩石と一致したのです。**これらの結果は，カルデラの地下にマグマだまりが存在し，現在も活動していることを示しています。**

ひいい〜！　いつ爆発してもおかしくない感じですか？

7300年前にカルデラができたあと，巨大な溶岩ドームが形成されたと考えると，きわめて活発にマグマが活動していることは確かです。したがって，大きな噴火がおこる可能性はあると思います。

いつかおきる超巨大噴火

先生，鬼界カルデラがおこした超巨大噴火のほかにも，ここまで超巨大噴火をおこした場所として，阿蘇カルデラや姶良カルデラといった場所が登場しました。
カルデラは，火山が噴火したあとにできる巨大な窪地ということでしたが，カルデラと超巨大噴火って，どう関係しているんですか？

いいところに気がつきました。
ここであらためて，超巨大噴火がおきるしくみについてお話ししましょう。
超巨大噴火は，地球規模の環境変化や生物の絶滅を引きおこすことから，破局的噴火あるいは**破局噴火**といわれることもあります。
また，噴火のあとに巨大なカルデラができることから**カルデラ噴火**ともいわれます。超巨大噴火は，これまでお話ししてきたさまざまな様式の噴火をはるかにこえる規模をもちます。

ゴクリ……。

次のイラストを見てください。まず，超巨大噴火がおきる前には，大量のマグマが蓄積されている必要があります。マグマは地下10キロメートルほどのところに薄い円盤状に広がっている場合が多いと考えられています(1)。

マグマだまりですね。

はい。**超巨大噴火は，マグマだまりが非常に大きいと推定されます。**マグマが膨大に蓄積すると，その上の岩盤は不安定になり，なにかのきっかけで岩盤が破壊され，小規模な噴火がはじまります。多くの場合，複数の火口がマグマだまりの円周上にできます(2)。

ぐるっと円をえがくように火山ができるわけですね。

そうです。噴火が継続すると，やがて円周上の火口どうしが連結して，ひとつながりの火口となります。するとマグマだまりの上の岩盤は，支えを失って陥没し，一気に地下の大量のマグマを押しだします。こうして超巨大噴火が発生するという機構が考えられています(3)。
この場合，噴煙は高度数十キロメートルまで達し，火砕流が全方位にわたって周囲を飲みこみます。

うわあ……。

噴火が終息すると，火口の内側は大きく陥没し，巨大なカルデラ地形が形成されます。その直径は数十キロメートルにもおよびます(4)。マグマの供給が続いていれば，ふたたび同じ過程をくりかえし，数万年から数十万年後にはふたたび超巨大噴火が発生します。

超巨大噴火の発生のしくみ

1 マグマの蓄積

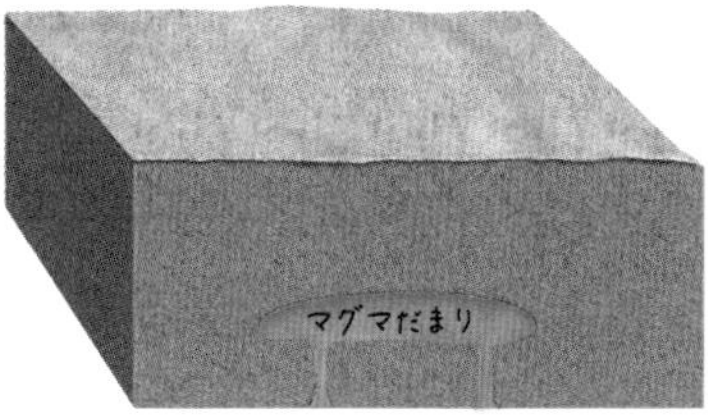

2 噴火の開始

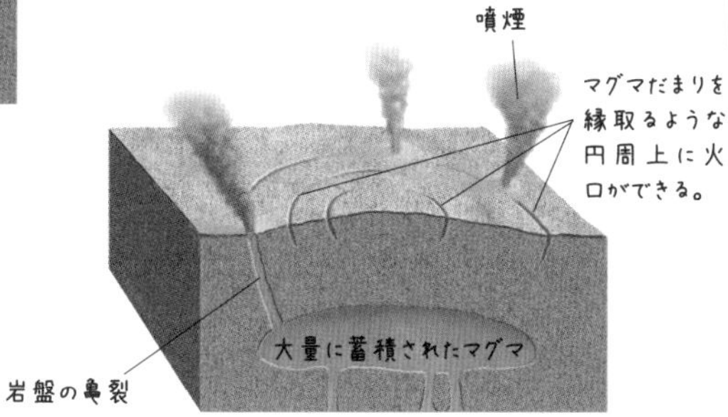

3 火口がつながって円周状に

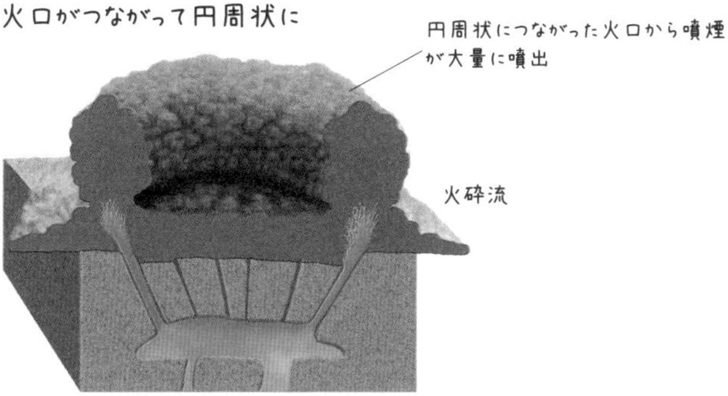

4 カルデラを形成

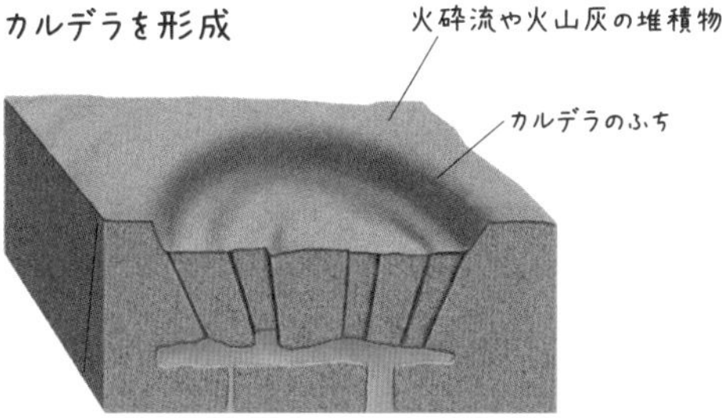

このイラストは，大きさをイメージするために描かれた仮想的なもので，超巨大噴火が鹿児島県で発生した直後を想定したものです。**噴煙**が直径20キロメートルの円周から立ち上っています（イラストの時点での噴煙は高さ10キロメートル程度）。手前の山は桜島です。桜島と比較すると，超巨大噴火がいかに大規模であるかがわかるでしょう。

この後，火砕流が高速で広がります。この火砕流は，九州の南半分を壊滅させるだけの破壊力があります。巻き上げられた火山灰は高さ数十キロメートルまで達し，西風にのって日本列島全体をおおいます。また，大量の噴煙が成層圏に達することで，地球全体が寒冷化し，食糧危機などを招くのではと予想されます。

壮絶ですね……。

そうですね。こうした超巨大噴火は，私たち現代人はいまだかつて経験したことのないものです。
噴火の規模は，主に噴出したマグマの量であらわされます。次のイラストは，過去の噴火で噴出したマグマの量をあらわしたものです。

各噴火によるマグマ噴出量の比較

さまざまな噴火の際に噴出したマグマの量を立方体であらわしました。ここにあげた例のうちでは，7300年前の鬼界カルデラでの噴火以上の規模のものが超巨大噴火です。なお，参考として琵琶湖の貯水量を青色の立方体で示しています。

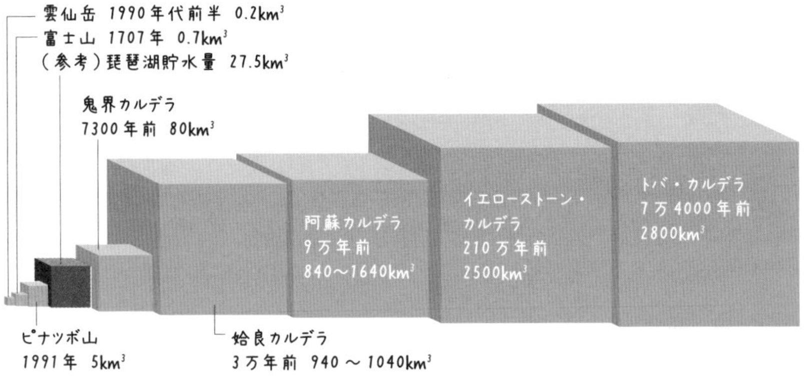

うわぁ……。鬼界カルデラよりはるかに巨大な噴火がこんなにあるのですね。

神奈川県の丹沢山地には，**姶良丹沢火山灰層**という，厚さ十数センチメートルの火山灰の地層があります。
この地層をもたらした噴火が，約3万年前の姶良カルデラ噴火であることが判明しています。

鹿児島県から飛来した火山灰が十数センチメートルもの地層になったんですね……。

これをさらに上まわる規模だったのが，約9万年前の阿蘇カルデラ噴火です。阿蘇カルデラ噴火が，日本で最大級の噴火となっています。

世界に目を向けると，それよりもさらに巨大な噴火がおきているんですね……。イエローストーンをさらに上まわる噴火があったとは……。
ところで，カルデラは九州に多いんですか。

九州のほかには，北海道の**摩周カルデラ**と**屈斜路カルデラ**，北海道西部の**支笏カルデラ**と**洞爺カルデラ**があります。また，青森県の**十和田湖**も巨大なカルデラ湖です。

先生，超巨大噴火がおこる確率って，どれぐらいなんですか？

超巨大噴火はめったにおきませんが，**それでもおよそ17000年に一度，あるいは今後100年間で1％の確率でおきるという研究結果があります。**

富士山が噴火するって本当？

先生，やはり気になるのは，富士山です。現実的に，いつ噴火してもおかしくないっていわれていますし……。近年富士山が噴火する可能性は高いんでしょうか？

それはなかなかむずかしい質問ですね。まず，過去の富士山の主な噴火をたどってみましょう。
864年，富士山の北西山麓で大噴火がおきました。これが**貞観噴火**です。
前にお話しした通り，このとき流れでた溶岩によって，精進湖と西湖がつくられました。
そして貞観大噴火のあとには，大きな地震がたて続けにおきました。まず869年には，東北地方で**貞観地震**（M8.5程度）が発生しました。この地震は，2011年の東北地方太平洋沖地震と震源域が同じで，やはり巨大な津波を発生させて甚大な被害をおよぼしたと考えられています。

東北地方ですか。

ええ。ほかにも878年に関東地方で**相模・武蔵地震**（M7.4程度）が，887年には南海トラフを震源とした**仁和地震**（M8.5程度）がたて続けにおきています。

ん？　何か富士山の噴火と連動している感じですね……。

さて時代は進み，1703年12月31日，相模湾を震源とする**元禄関東地震**（M8.2程度）が発生しました。さらにこの地震から35日後に，富士山は鳴動（地鳴り）をおこし，約4年後の1707年10月28日，**宝永地震**が発生しました。この地震は南海トラフを震源域とし，東海地方から近畿・四国・九州地方に至る広い範囲に震度6〜7に達する揺れを発生させました。M8.7程度であったと考えられています。そしてこの地震から49日後の12月16日，ついに富士山は大噴火をおこしたんです。**宝永噴火**です。

確か，100キロメートルはなれた江戸にも火山灰が降り積もったんでしたね。
富士山が噴火するまでには，いろいろな前兆があったわけなんですね。

そうなんです。そして実は，宝永噴火のあとは，現在にいたる300年以上にわたって，富士山は噴火していないのです。
富士山の噴火の歴史を調べると，これほど長く沈黙期が続いたことはありません。

何か対策みたいなものや，富士山の噴火の予測はできないのでしょうか。

多くの火山では，噴火の前にマグマが移動したり上昇したりすることにともなって，地震活動が活発化したり，山自体がふくらんだりします。また噴気活動も盛んになります。こうした活動や山体の変化から，噴火をある程度予測することができると考えています。これらのことは，富士山にもあてはまります。

よかった。被害を完全に防げないかもしれないけど，事前策は立てられそうですね。

過去の噴火の具体的なようすがわかっていれば，それも予測の参考になります。しかし，富士山は過去300年間，噴火していないため，噴火に対する科学的なデータが十分とはいえず，この点では予測がむずかしい火山といえるかもしれません。

また，過去の噴火の形態も溶岩流，火山灰，火砕流などさまざまなので，次に噴火したときに，いったいどのような現象がおきるかもわかりません。

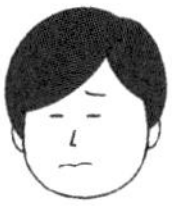

うーむ。

だからといって，噴火に対して何もそなえていないと，いざというときさらに被害は大きくなってしまいます。山梨県・静岡県・神奈川県などで組織された**富士山火山防災対策協議会**や，内閣府・総務省・国土交通省が事務局となり，火山の専門家を主体とする**富士山ハザードマップ検討委員会**によって，日本中の火山の中で最も精度の高いレベルを誇る**富士山ハザードマップ**がつくられました。その後，改定されたハザードマップをもとに，特に富士山の噴火の影響を受けやすい地域では，防災体制を強化しているのです。

心強いですね。私たち一人ひとりも，いつかおこるかもしれない富士山の大噴火にそなえておかないといけませんね。

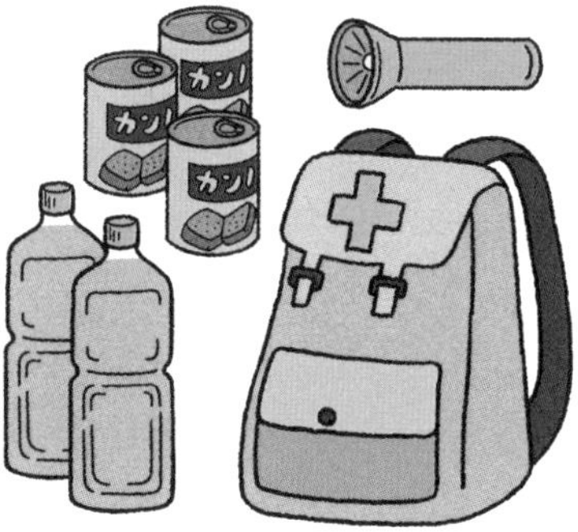

今後噴火するかもしれない！　常時観測火山リスト

火山噴火は，発生すれば私たちの社会に大きな影響をあたえます。このため日本では，警戒態勢がとられています。

そうなんですね！　どんな態勢か知っておきたいです。

現在日本には111もの活火山があり，「おおむね過去1万年以内に噴火した火山，および現在活発な噴気活動の火山」と定義されています。
気象庁が事務局となって運営されている**火山噴火予知連絡会**は，今後100年程度の噴火の可能性と社会的影響を考慮して，50の火山を**常時観測火山**（火山防災のために監視・観測体制の充実等が必要な火山）に選び，地震計やカメラ，GPSなどによる24時間体制の常時観測・監視がおこなわれています。

常時観測・監視対象の火山が50もあるんですね。

また，気象庁は，これら50の火山のうちの49火山において，5段階の**噴火警戒レベル**を運用しています。
火山活動の状況に応じて**「警戒が必要な範囲」**と防災機関や住民などの**「とるべき防災対応」**を基準にしてつくられているもので，噴火がおきた際の指標となるものです。

噴火の際に「警戒レベルが最大の5に引き上げられた」とか，お話がありましたね。
確かに，このような指標があると安心ですね！

そうですね。**なお，常時観測や噴火警戒レベルの対象となっていない火山であっても，噴火やその兆候がおきることもあります。**

噴火の徴候がみられれば，気象庁は即座に予報や警報を発令しますので，注意が必要です。

50の常時観測火山

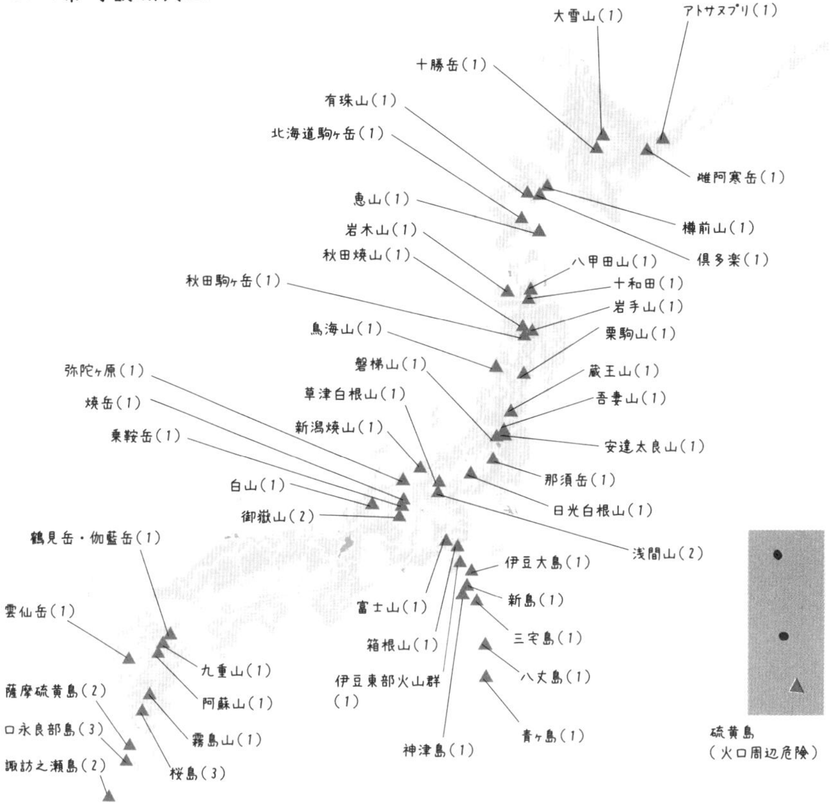

日本の活火山110のうち，今後十数年程度のうちに噴火のおこる可能性や，噴火がもたらす周辺の社会的な影を考慮して，監視・観測体制を充実させる必要のある50火山が，気象庁によって「常時観測火山」に指定されています。上の地図には，この50火山の位置(三角印の地点)を示しています。これらの火山には噴火警戒レベルが通達されていますので，市町村や都道府県の「地域防災計画」に定められている規則にしたがう必要があります。なお，( )内の数字は噴火警戒レベルです。

(2023年12月現在)

下の地図と一覧表は，常時観測火山のマップと，噴火警戒レベルをまとめたものです。参考にしてください。

ぜひ覚えておきたいですね。

噴火警戒レベル

種別	対象範囲	噴火警戒レベルとキーワード		火山活動の状況	住民などの行動	登山者への対応
特別警報	居住地域およびそれより火口側	レベル5	避難	居住地域に重大な被害をおよぼす噴火が発生，あるいは切迫している状態にあります。	危険な居住地域からの避難などが必要（状況に応じて対象地域や方法などを判断）。	
		レベル4	高齢者等避難	居住地域に重大な被害をおよぼす噴火が発生すると予想されます（可能性が高まってきています）。	警戒が必要な居住地域での避難の準備，災害時要援護者の避難などが必要（状況に応じて対象地域を判断）。	
警報	火口から居住地域近くまで	レベル3	入山規制	居住地域の近くまで重大な影響をおよぼす（この範囲に入った場合には生命に危険がおよぶ）噴火が発生，あるいは発生すると予想されます。	通常の生活（今後の火山活動の推移に注意。入山規制）。状況に応じて，災害時要援護者の避難準備など。	登山禁止・入山規制など，危険な地域への立ち入り規制など（状況に応じて規制範囲を判断）。
	火口周辺	レベル2	火口周辺規制	火口周辺に影響をおよぼす（この範囲に入った場合には生命に危険がおよぶ）噴火が発生，あるいは発生すると予想されます。	通常の生活。（状況に応じて火山活動に関する情報収集，避難手順の確認，防災訓練への参加など）	火口周辺への立ち入り規制など（状況に応じて火口周辺の規制範囲を判断）。
予報	火口内など	レベル1	活火山であることに留意	火山活動は静穏。火山活動の状況によって，火口内で火山灰の噴出などがみられます（この範囲に入った場合には生命に危険がおよぶ）。		とくになし（状況に応じて火口内への立ち入り規制など）。

3

時間目

日本列島と巨大地震

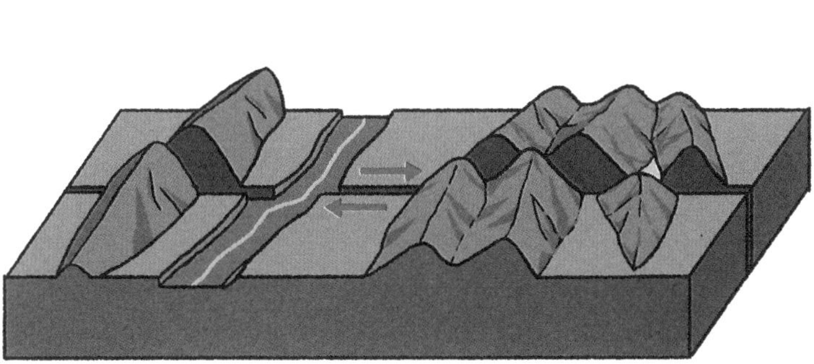

STEP 1

地震の基礎知識

日本は地震が多く，“ 地震大国 ”ともいわれます。地震はどのように発生するのか，なぜ日本は地震が多いのか，そのしくみについて見ていきましょう。

地震には発生しやすい場所と種類がある

さて，最初にあなたは地震について心配しておられましたね。それを発端に，地球の内部構造やプレート運動，日本列島の誕生から火山の噴火についてなど，さまざまなお話をしてきました。
締めくくりとなる3時間目では，ここまでお話ししてきたことをふりかえりながら，**地震**について見ていきましょう。

そうでした。日本は「**地震大国**」なんていわれていて，これから大きな地震がおきるといわれていて，とても不安だったんです。でも，ここまでのお話で，日本がすごく複雑なプレート構造の上にあることや，地球を巻きこむ超巨大噴火の可能性なんかを聞いて，逆に地震についての覚悟ができた気がします……。

そうですね。地球に住んでいる以上，地震から目をそらすわけにはいきませんからね。

それではまず，地震がどのような場所で発生しやすいのか，というところからお話ししましょう。
次のイラストは，地球上のプレートの位置と，巨大地震の発生を示したものです。

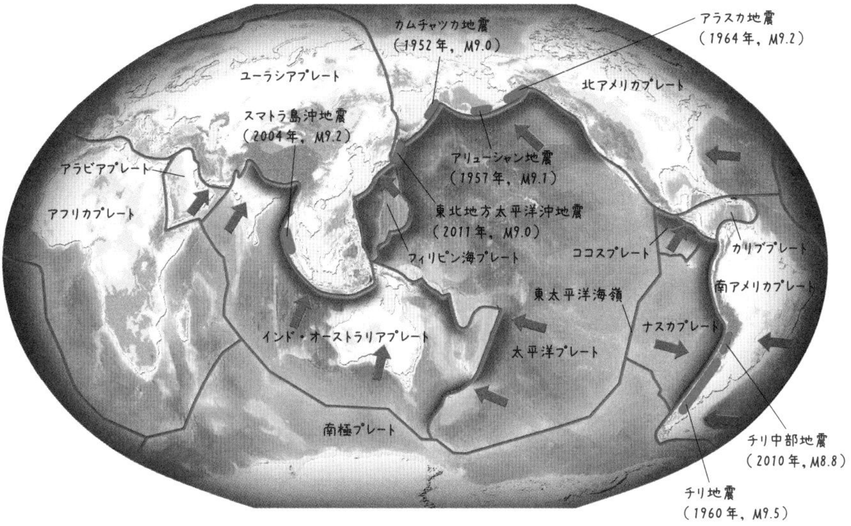

この図を見ると，巨大地震はプレート境界で発生していますね。

その通りです。巨大地震の多くは，プレートの沈みこみ帯で発生しているんです。また，太平洋が，沈みこみ帯にぐるりと取り囲まれていることもわかるでしょう。

本当だ！　大きな地震は，プレートの沈みこみ帯周辺でおきるってことが，一目瞭然ですね。
先生，なぜ沈みこみ帯付近では巨大地震が発生するんですか？

大陸プレートと海洋プレートがぶつかり合うと，海洋プレートが，大陸プレートの下に沈みこんでいくとお話ししましたね。
実はそのとき，大陸プレートの端の部分が，海洋プレートに引きずられて，一緒に沈みこむような運動をおこし，その部分に**ひずみ**が生じるんです。
そして，ひきずりの摩擦の限界をこえると，ひずんだ部分が反発力で一気に跳ね上がるんです。これが，沈みこみ帯付近で巨大地震が発生するしくみだと考えられています。

棒高跳びのポールみたいに，曲がったポールがビヨーンと反発するみたいな感じですか。

はい。海洋プレートが沈みこむ日本列島のような場所では，大陸プレートに大きな力が加わります。沈みこんだプレートから放出された水成分が流体やマグマをつくり，それらが地表付近での変動や噴火を引きおこすとお話ししました。これらの作用が重なり合って，地震や火山噴火，地殻の隆起や沈降，山脈や盆地の形成といったさまざまな変動がおこるのです。

そうなんですね。

日本列島の太平洋側では，地球上で最も大きな太平洋プレートが年間およそ8センチメートルという速さで沈みこんでおり，多くの地震が発生しています。
プレート沈みこみ帯の海溝付近で発生する地震は**海溝型地震**といい，いくつかのパターンがあります。
その中でも，このように大陸プレートが跳ね上がることで発生する地震は，**プレート間地震**または**プレート境界型地震**といい，マグニチュード9クラスの巨大地震を引きおこすことがあります。

なるほど……。

沈みこみ帯の周辺では，プレートの中や地層にたくさんの**断層**が存在します。
日本列島には，数十万年前以降にくりかえし活動し，将来も活動すると考えられる断層が2000以上もみつかっており，これらを**活断層**とよんでいます。

そんなにたくさん！

断層とは，地下の亀裂のことですから，断層のある地層は，断層のない地層よりも動きやすくなっています。日本列島には多くの断層が分布し，したがって地震もおこりやすいのです。海溝からはなれた日本の陸域にも，たくさんの活断層が分布し，これらがすべっておこる地震を**内陸型地震**といいます。

日本列島は，海と陸の両方とも地震がおこりやすい，ということですね。

そうです。内陸型地震は，地震のエネルギーをあらわすマグニチュードがそれほど大きくなくても，震源が人の暮らす場所に近い場合，特に直下でおこる場合には，大きな被害を発生させることがあります。一方，海溝型地震，特にプレート境界型地震は，仮に震源が遠くにあっても，エネルギーが大きく甚大な被害をもたらす場合があります。

確かに，プレートが跳ね上がって発生する地震は破壊力が大きそうです……。

おっしゃる通り，プレート境界型地震は，津波をともなうことがあり，被害がきわめて大きなものになる可能性があるため，厳重な警戒が必要となります。
同時に，先ほどのべたように，内陸型地震も，仮にエネルギーは小さくても，危険度は非常に高いといえます。

海の地震も陸の地震も，両方警戒が必要というこですね。

はい，その通りです。内陸型地震の中で，**直下型地震**とよばれるものもあります。**直下型地震は，地震学上の定義があるわけではありませんが，内陸型地震のうち，都市の真下でおこる地震を指します。**
エネルギーがそれほど大きくなくても，震源が浅い場合，真上にある都市に甚大な被害をもたらします。

おそろしいですね……。

2011年3月に発生した**東北地方太平洋沖地震**が，プレート境界型地震でした。
この地震では大規模な津波が発生し，**福島第一原子力発電所事故**などの大震災をもたらしました。

東日本大震災ですね。私も記憶に強く残っています。

実は日本では，こうしたプレート境界型地震のほかにも，ことなるパターンの海溝型地震が発生しています。

まだ別な種類の地震があるんですか？

はい。その一つが，**アウターライズ地震**といわれるものです。

アウターライズ地震？　はじめて聞きました。どういう地震ですか？

海洋プレートが大陸プレートに沈みこんでいくとき，海洋プレートには，折れ曲がりにともない，海溝の沖合側の縁に沿って，帯状に隆起する地形ができます。これが，**アウターライズ（海溝周縁隆起帯）**です。この部分は，折れ曲がりのカーブの外側にあたるため，引っ張られる力がはたらいています。

アウターライズは，何だか，不安定な場所なんですね。

そうなんです。
その結果，アウターライズ付近が割れ，正断層型の地震が発生します。これが，アウターライズ地震です。
アウターライズ地震はプレート境界型地震にくらべて震源が陸から比較的遠いため，強い揺れを感じさせない場合があります。しかし，震度が小さくても大きな津波を発生させることがあり，非常に危険な地震です。
アウターライズ地震として，たとえば**昭和三陸地震**（1933年）が知られています。この地震により，岩手県では津波が発生し，3000をこえる人が犠牲になりました。

そうだったんですね……。

また，ほかにも，プレート境界よりも深部で発生する地震もあります。
これが，**スラブ内地震**です。スラブとは，「平らな板」という意味で，沈みこんだ海洋プレートのことを指します。
海洋プレートは，大陸プレートに沈みこんでいく際に，折れ曲がります。この折れ曲がった部分にヒビが入り，壊れやすくなっています。このほかにも，プレートができたとき，あるいは海嶺から海溝まで移動する間にできたひびや割れ目があると考えられています。これらのひびや割れ目が，プレートが沈みこむときや沈みこんだあとにすべっておこるのがスラブ内地震です。

スラブ内地震は，海洋プレート内で発生する地震なんですね。

そうです。ですから，アウターライズ地震も，スラブ内地震に含まれることがあります。
スラブ内地震は，プレート境界型地震にくらべて，それほど規模は大きくない傾向にあります。しかし，同じ領域でくりかえし発生するプレート境界型地震とちがい，スラブ内のどこで発生するかを予測することが非常に困難です。
また，中には大きな地震につながることもあります。
大きなスラブ内地震としては，**北海道東方沖地震**（1994年）や，**釧路沖地震**（1993年）があります。

地震の種類もいろいろあるんですね。その中でも規模としてはプレート境界型地震が大きくなりやすいわけですね。

そうですね。近年，プレート境界型地震の発生が予想されている場所が，**南海トラフ**です。
南海トラフ沿いでは，**スロースリップ**とよばれる現象が発生しており，注視されています。

スロースリップ？

はい。スロースリップも，プレート境界型地震と同様に，大陸プレートと海洋プレートの境界が，ひずみを解放するようにすべって生じます。しかし，スロースリップの場合，そのすべりがゆっくりと進みます。そのため，揺れが生じることはほとんどありません。しかし，巨大地震の引き金になる可能性が指摘されているのです。

なるほど，だから「南海トラフ地震」が警戒されているんですね。

ポイント！

内陸型地震

内陸部にある断層が，何らかの力が加わることで大きく動くことによって発生する地震。震源が人の暮らす場所に近い場合，特に直下でおこる場合には，震度が大きくなり，大きな被害をもたらす場合がある

・直下型地震……都市の真下で発生する地震。

海溝型地震

プレートの沈みこみ帯付近で発生する地震。プレート境界型地震など，巨大地震になる場合がある。また，地震にともなって津波を発生し，大きな被害をもたらす場合がある。

・プレート境界型地震（プレート間地震）
……海洋プレートに引きずられて沈みこんだ大陸プレートが限界をこえ，反動で跳ね上がることで発生する地震。
巨大地震となることがある。

・アウターライズ地震……海溝の沖合側で発生する地震。

・スラブ内地震……海洋プレート内のひびや割れ目が，プレートが沈みこむときや沈みこんだあとにすべることで発生する地震。

日本列島周辺で発生する地震のタイプ

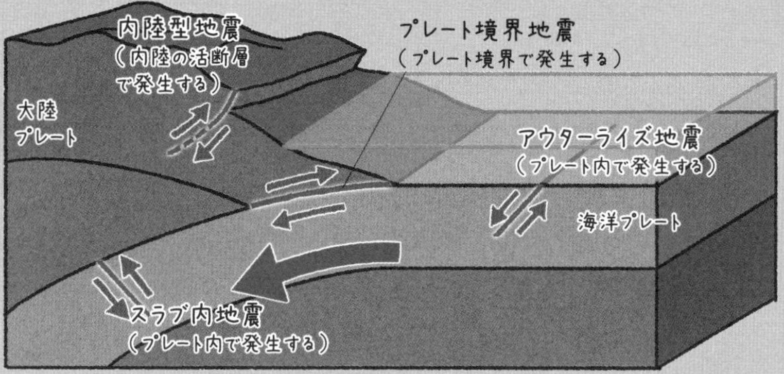

アウターライズ地震がおきるしくみ

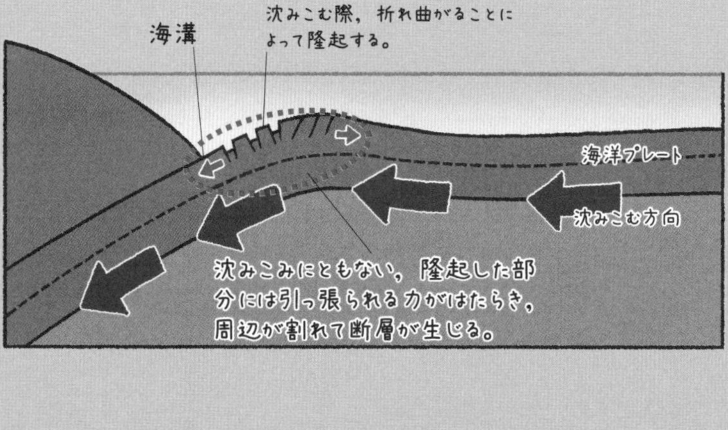

マグニチュードと地震のエネルギー

地震の強さを伝えるものとして，**マグニチュード**と**震度**がありますよね。この二つはどのようなちがいがあるのでしょうか？

マグニチュードは地震そのものの規模の大きさ（エネルギー）を数値であらわしたもので，震度は，地震によって地表がどれくらい揺れたかを示すものです。
ですから，マグニチュードの大きい地震でも，震源から遠くはなれたところでは震度は小さくなります。
逆に，マグニチュードが小さくても，震源に近ければ大きな震度となり，被害が発生します。

ポイント！

マグニチュード（M）

地震そのものの規模の大きさ（エネルギー）を数値化したもの。

震度

地震によって地表がどれくらい揺れたかを示す数値。
同じ規模（マグニチュード）の地震でも，震源からの距離によって震度は変わる。

なるほど，ちがいをようやく理解しました。
でも，震度は「どれぐらい揺れたか」ということですが，どうやって測っているんですか？

かつては，気象庁の観測官が自らの体感によって震度を判定していたんですよ。
しかし，観測官がいない場所での震度は観測できず，あとから現地で調査をおこない，被害状況や聞き取りなどをおこなって震度を推定するなど判定までに時間がかかる場合がありました。このため，できるだけ迅速かつ定量的な計測を行う必要性が求められるようになったんです。

へええ～！　昔は観測官の方の体感だったなんて，面白いですね。

1996年からは，気象庁が独自の計測震度計を用いて揺れを計測し，計測震度を算出します。この計測震度に基づいて，われわれになじみのある震度階級が決められています。
この震度階級は，通常震度とよばれ，**10段階**に分けられています（235ページ）。

細かいですね。

また，マグニチュードは，直接測れるわけではないため，その算出方法は昔からいろいろな方法が考えられてきました。そのため，現在でもさまざまな算出方法が存在しています。

そうなんですか？

はい。現在気象庁では，気象庁の計測震度計によるゆれの最大振幅値を用いた方法と，ゆれの波形全体を用いた方法の2種類を使って，マグニチュードを算出しています。前者を**気象庁マグニチュード**（M_j），後者を**モーメントマグニチュード**（M_w）とよびます。
M_jはゆれの最大振幅にもとづき，地震直後に迅速に算定可能であるため，気象庁が地震発生後数分で発表する津波警報等の第1報や，地震・津波に関する情報を発表する場合には，気象庁マグニチュードが用いられています。
一方，ゆれの波形全体を用いて算定されるモーメントマグニチュードは，大きな地震のエネルギーをより正確にあらわすと考えられています。
東日本大震災を引きおこした東北地方太平洋沖地震は，M9.0でした。気象庁は暫定値としてM_j8.4と発表しましたが，その後，M_wの計算値として9.0を発表したのです。

へええ～！

さて，マグニチュードの計算式にしたがうと，**マグニチュードの値が1上がると，地震のエネルギーは約32倍となります。また，2上がると1000倍ものちがいが出るのです。**

32倍!?
じゃあ，マグニチュードの差って，とてつもなく大きいということですか？

その通りです。
M7クラスの地震は，震源の位置によっては大災害をもたらしうる大きな地震です。
M7よりも2段階上のM9になると，M7の**1000倍**（≒32×32倍）の大きさということになります。

M9なんて，とんでもなく超巨大な地震ではないですか！

まさにそうです。次のページのイラストは，地震のエネルギーの大きさを球の体積であらわしたものです。マグニチュードが1大きくなるだけで，球の大きさがずいぶん変わることがわかるでしょう。

ポイント！

地震のエネルギーは，マグニチュードが1段階大きくなると，約32倍になる。

M7クラスの地震を**大地震**，M8をこえると**巨大地震**，M9をこえるものを**超巨大地震**とよぶことがあります。
東北地方太平洋沖地震がいかに巨大な地震であったかが，よくわかるでしょう。

桁ちがいですね……。

イラストでは，M7の地震は一見小さな地震のように見えます。しかしこれは，阪神・淡路大震災をもたらした兵庫県南部地震や，熊本地震のエネルギーに相当します。

M7でも，これだけの大きな被害が出るわけですよね……。東北地方太平洋沖地震のエネルギーは，その1000倍も大きいものだったのか……。

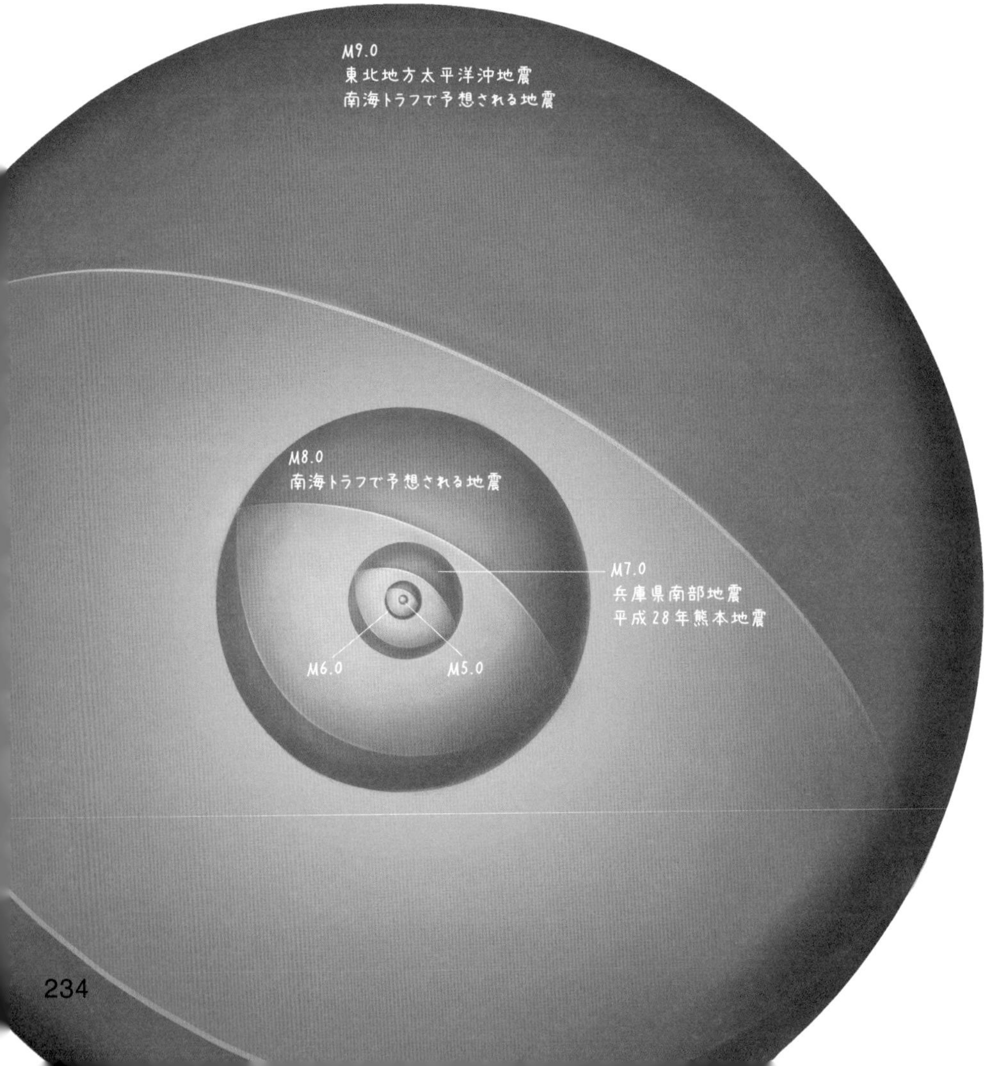

ポイント！

人の体感・行動，屋内の状況，屋外の状況　出典：気象庁震度階級関連解説表

震度	人の体感・行動	屋内の状況	屋外の状況
0	人は揺れを感じないが，地震計には記録される。		
1	屋内で静かにしている人の中には揺れをわずかに感じる人がいる。		
2	屋内で静かにしている人の大半が揺れを感じる。眠っている人の中には目を覚ます人もいる。	電灯などのつり下げ物がわずかに揺れる。	
3	屋内にいる人のほとんどが揺れを感じる。歩いている人の中には揺れを感じる人もいる。眠っている人の大半が目を覚ます。	棚にある食器類が音を立てることがある。	電線が少し揺れる。
4	ほとんどの人が驚く。歩いている人のほとんどが揺れを感じる。眠っている人のほとんどが目を覚ます。	電灯などのつり下げ物は大きく揺れ，棚にある食器類は音を立てる。座りの悪い置物が倒れることがある。	電線が大きく揺れる。自動車を運転していて，揺れに気付く人がいる。
5弱	大半の人が恐怖を覚え，物につかまりたいと感じる。	電灯などのつり下げ物は激しく揺れ，棚にある食器類，書棚の本が落ちることがある。座りの悪い置物の大半が倒れる。固定していない家具が移動することがあり，不安定なものは倒れることがある。	まれに窓ガラスが割れて落ちることがある。電柱が揺れるのがわかる。道路に被害が生じることがある。
5強	大半の人が物につかまらないと歩くことが難しいなど，行動に支障を感じる。	棚の食器類や書棚の本で，落ちるものが多くなる。テレビが台から落ちることがある。固定していない家具が倒れることがある。	窓ガラスが割れて落ちることがある。補強されていないブロック塀が崩れることがある。据付けが不十分な自動販売機が倒れることがある。自動車の運転が困難となり，停止する車もある。
6弱	立っていることが困難になる。	固定していない家具の大半が移動し，倒れるものもある。ドアが開かなくなることがある。	壁のタイルや窓ガラスが破損，落下することがある。
6強	立っていることができず，はわないと動くことができない。揺れにほんろうされ，動くこともできず，飛ばされることもある。	固定していない家具のほとんどが移動し，倒れるものが多くなる。	壁のタイルや窓ガラスが破損，落下する建物が多くなる。補強されていないブロック塀のほとんどが崩れる。
7		固定していない家具のほとんどが移動したり倒れたりし，飛ぶこともある。	壁のタイルや窓ガラスが破損，落下する建物がさらに多くなる。補強されているブロック塀も破損するものがある。

ポイント！

建物の状況

震度	木造建築（住宅）	鉄筋コンクリートの建造物
5弱	（耐震性高い）－ （耐震性低い）壁などに軽微なひび割れ・亀裂がみられることがある。	
5強	（耐震性高い）－ （耐震性低い）壁などに軽微なひび割れ・亀裂がみられることがある。	（耐震性高い）－ （耐震性低い）壁，梁（はり），柱などの部材にひび割れ・亀裂が入ることがある。
6弱	（耐震性高い）壁などに軽微なひび割れ・亀裂がみられることがある。 （耐震性低い）壁などのひび割れ・亀裂が多くなる。壁などに大きなひび割れ・亀裂が入ることがある。瓦が落下したり，建物が傾いたり，倒れるものもある。	（耐震性高い）壁，梁，柱などの部材に，ひび割れ・亀裂が入ることがある。 （耐震性低い）壁，梁，柱などの部材にひび割れ・亀裂が多くなる。
6強	（耐震性高い）壁などにひび割れ，亀裂がみられることがある。 （耐震性低い）壁などに大きなひび割れ・亀裂が入るものが多くなる。 傾くものや倒れるものが多くなる。	（耐震性高い）壁，梁，柱などの部材に，ひび割れ・亀裂が多くなる。 （耐震性低い）壁，梁，柱などの部材に，斜めやX状のひび割れ・亀裂がみられることがある。1階あるいは中間階の柱が崩れ，倒れるものがある。
7	（耐震性高い）壁などのひび割れ，亀裂が多くなる。まれに傾くことがある。 （耐震性低い） 傾くものや倒れるものがさらに多くなる。	（耐震性高い）壁，梁，柱などの部材に，ひび割れ・亀裂がさらに多くなる。1階あるいは中間階が変形し，まれに傾くものがある。 （耐震性低い）壁，梁，柱などの部材に，斜めやX状のひび割れ・亀裂が多くなる。1階あるいは中間階の柱が崩れ，倒れるものが多くなる。

地盤・斜面の状況

<table>
<tr><td>5弱</td><td rowspan="2">（地盤）亀裂や液状化が生じることがある（地盤）落石やがけ崩れが発生することがある。</td></tr>
<tr><td>5強</td></tr>
<tr><td>6弱</td><td>（地盤）地割れが生じることがある。（地盤）がけ崩れや地すべりが発生することがある。</td></tr>
<tr><td>6強</td><td rowspan="2">（地盤）大きな地割れが生じることがある。
（地盤）がけ崩れが多発し，大規模な地すべりや山体の崩壊が発生することがある※3。</td></tr>
<tr><td>7</td></tr>
</table>

ライフライン・インフラ等への影響

ガス供給の停止	安全装置のあるガスメーター（マイコンメーター）では震度5弱程度以上の揺れで遮断装置が作動し，ガスの供給を停止する。さらに揺れが強い場合には，安全のため地域ブロック単位でガス供給が止まることがある※。
断水，停電の発生	震度5弱程度以上の揺れがあった地域では，断水，停電が発生することがある。
鉄道の停止，高速道路の規制等	震度4程度以上の揺れがあった場合には，鉄道，高速道路などで，安全確認のため，運転見合わせ，速度規制，通行規制が，各事業者の判断によって行われる。（安全確認のための基準は，事業者や地域によって異なる。）
電話等通信の障害	地震災害の発生時，揺れの強い地域やその周辺の地域において，電話・インターネット等による安否確認，見舞い，問合せが増加し，電話等がつながりにくい状況（ふくそう）がおこることがある。そのための対策として，震度6弱程度以上の揺れがあった地震などの災害の発生時に，通信事業者により災害用伝言ダイヤルや災害用伝言板などの提供が行われる。
エレベーターの停止	地震管制装置付きのエレベーターは，震度5弱程度以上の揺れがあった場合，安全のため自動停止する。運転再開には，安全確認などのため，時間がかかることがある。

日本各地に存在する「活断層」

次に，内陸型地震の原因となる断層について，くわしく見ていきましょう。
地殻にはいろいろな大きさの割れ目が多数存在しています。地殻にかかる力によって割れ目を境界としてずれ動く場合があり，ずれ動いた割れ目を断層とよびます。割れ目がずれ動いた際の衝撃が地表に伝わり，地震の揺れ（地震動）として私たちが感じます。

断層はずれやすいんですね。

断層は，ふだんはしっかりと接着しています。しかし，周囲の岩にくらべると強度が弱く，力が加わった際に，同じ場所が何度もこわれる傾向があります。そのため，同じ断層で，くりかえし地震が発生する場合があります。断層の中でも，最近数十万年以内にくりかえし活動しているものが活断層です。**日本には，2000以上の活断層が発見されています。**238～239ページのイラストは，全国の主要な断層を示したものです。

2000以上も？

日本は活断層が多いというお話でしたが，そんなにあるんですか！

そうです。これらのほとんどは，長期間にわたって活動がくりかえされたことにより，断層のずれが地表面まで達したもので，地表にあらわれている地形の変化をもとに特定されました。

えっ？　ということは，2000以上とはあくまでも実際に見える断層の数ということですか？

そうです。**しかし，注意しなければならないのは，地下に埋もれて見つかっていない活断層も多数，存在するということです。**
そして定義上，このような地下に埋もれた断層は活断層に含まれない場合が多いのです。

その発見されていない断層が地震の発生源になる場合もある……？

もちろん，あります。
ですから，**日本は全国どこでも，その直下で地震が発生する可能性があるといえるでしょう。**

う〜む。日本列島って，ヒビだらけなんですね。

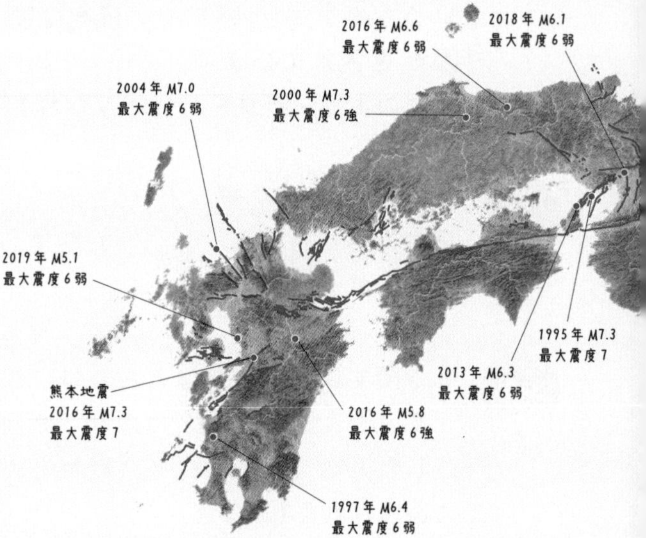

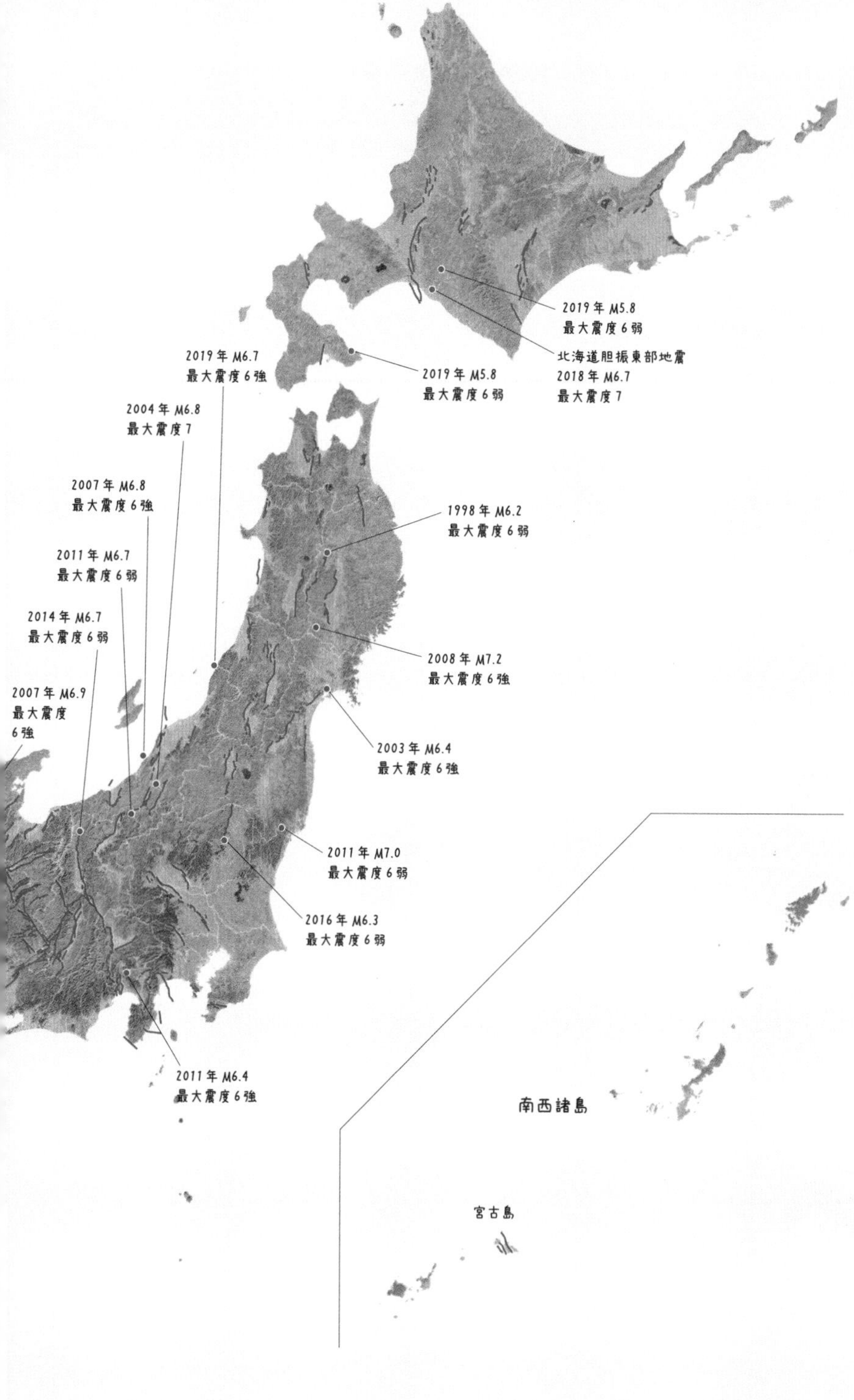
2019年 M5.8
最大震度6弱
北海道胆振東部地震
2018年 M6.7
最大震度7
2019年 M6.7
最大震度6強
2019年 M5.8
最大震度6弱
2004年 M6.8
最大震度7
2007年 M6.8
最大震度6強
1998年 M6.2
最大震度6弱
2011年 M6.7
最大震度6弱
2014年 M6.7
最大震度6弱
2008年 M7.2
最大震度6強
2007年 M6.9
最大震度6強
2003年 M6.4
最大震度6強
2011年 M7.0
最大震度6弱
2016年 M6.3
最大震度6弱
2011年 M6.4
最大震度6強
南西諸島
宮古島

地表の痕跡が活断層の場所を教えてくれる

先ほどお話ししたように，断層で地震が発生すると，そのずれが地表まで到達する場合があります。
2016年の熊本地震でも，地表のずれがたくさんの場所で確認されました。
地表のずれは，時間の経過とともに風雨で浸食されたり，堆積物で埋められるなどして見えにくくなっていくものの，特徴的な地形として残る場合もあります。

断層っぽい地形なんて見たことあったかな……。どんな地形でしょう？

たとえば**崖**ができたり，川の流れがその場所で急に折れ曲がったりしている場所です。（次のページのイラスト）。

なるほど。

現在知られている全国各地の活断層は，このような特徴的な地形を地図や航空写真などから見つけだすことによって発見されたものです。
その断層で発生する地震の規模が大きければ大きいほど，また，地震の発生をくりかえした回数が多ければ多いほど，地表の地形の変化は大きくなります。

活断層の大きさと，地震の大きさは関係しているんでしょうか。

ポイント！

活断層があることを示す，いろいろな地形

横ずれ河川
断層と交錯することで流れがずれている河川のこと。

三角末端面
（さんかくまったんめん）
尾根の末端面にできる，三角形の断層崖のこと。山並に沿っていくつもできるのが特徴。

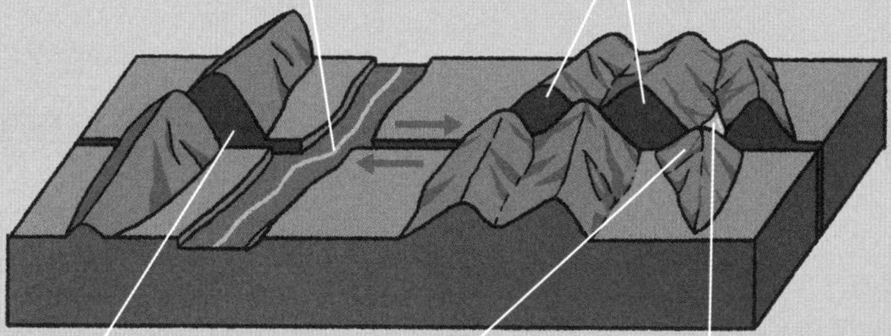

断層崖
（だんそうがい）
断層運動によってできた急斜面の崖のこと。

閉塞丘
（へいそくきゅう）
段丘や山地が断層運動によって移動して尾根を塞ぎ，谷や河川をせき止めている地形のこと。

断層池
（だんそうち）
断層線に沿ってできた凹地のこと。水がせき止められてたまっている場合は「せき止め性断層池」ともいう。

一般論としては，地表に見えている活断層の長さが長いほど，より規模の大きな地震を発生させる可能性があります。

どうしてですか？

なぜなら，地表に見えている活断層が長いということは，地下の活断層の面積も大きいということだからです。

過去の地震の経験から，地表に見えている活断層の長さが20キロメートルある場合，M7クラスの地震が発生しうるといわれています。

活断層の大きさは，防災のための一つの基準になりますね。

しかし，地表に見えている活断層の長さが短かったり，あるいは完全に地下に埋もれた断層（伏在断層）であっても，M7にせまるような大地震が発生する場合もあります。また，小規模な断層で発生した地震がM5クラス，M6クラスであっても，断層の近くでは大きな被害が発生することもあります。

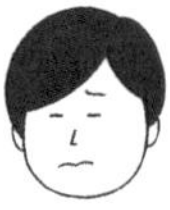

つまり，断層がある限り，その規模の大小にかかわらず，地震や災害の発生源になりうるということですね。

はい。**地表の痕跡は活断層の存在を教えてくれます。しかし，それだけで危険な断層のすべてをカバーできるわけではないということを覚えておいてください。**

STEP 2

東北地方太平洋沖地震はなぜおきたのか？

2011年3月11日に発生した東北地方太平洋沖地震（東日本大震災）は，日本列島に深い爪痕を残しました。この震災を解析して得たことから，巨大地震の本質にせまります。

地震発生のしくみを解く鍵はどこにあるのか

2011年3月11日に発生し，2万人をこえる死者・行方不明者という甚大な被害をもたらした**東北地方太平洋沖地震（東日本大震災）**からおよそ13年が経過しました。

もう，そんなにたつんですね……。
私は当時中学生でしたが，まだ昨日のことのように覚えています。

この地震は，日本の観測史上最大規模の地震でした。
STEP2では，この地震を通して巨大地震の本質にせまっていきましょう。

お願いします。

もともと，東北地方太平洋沖地震が発生した海域周辺は，大きな地震が発生しやすい地域として警戒はされていました。

政府の機関である**地震調査研究推進本部**が2011年1月に発表した長期評価では，「宮城県沖で今後30年間にM7.5前後の地震が99％の確率おこる」とされていました。また，三陸沖北部や福島県沖などの周辺海域でも，最大でM8.2前後と評価されていました。
しかし実際に発生した地震はM9という超巨大地震でした。

テレビの画面に映る，想像を絶する光景に呆然とした記憶があります。
このとき，**想定外**という言葉がよく使われていたのが印象的でした。

現在も多くの研究者が，そのとき何がおきたのか，何か予兆はなかったのか，ここから何を学ぶべきなのか，といったことに答えを求めて，日夜奮闘を重ねています。
この地震について多くのことを学べば，将来の防災につなげていくことができるでしょう。

今なお，研究が進められているんですね……。

はい。それでは，これまでの研究や考えについて見ていきましょう。
まず，ここまでお話ししてきたように，日本列島の周辺のプレート境界型地震は，四つのプレートがせめぎ合っていることに起因します。プレートの境界付近では巨大地震が発生しやすいのでしたね。

そうですね。しかし，プレート境界型地震が発生しやすい地域として警戒されていたものの，その予想規模はM7クラスだったということでした。
先生，なぜ，予想を上回る巨大地震が発生したのでしょうか？

なぜM9もの地震が発生したのか，まだはっきりとはわかっていません。しかし，そのしくみを考えるうえで，**アスペリティモデル**という概念やモデルがよく用いられてきました。

あすぺりてぃ？

はい。東北地方太平洋沖地震の場合，大陸プレートである北アメリカプレートの端が太平洋プレートに引きずられて一緒に沈みこむような運動をおこし，やがて引きずり摩擦の限界に達して跳ね上がる（ずれ動く）ことで地震を発生させました。

プレート境界型の地震ですね。

ええ。沈みこみ帯では，大陸プレートと海洋プレートは摩擦力でたがいにこすれ合っており，あたかも固着しているかのようにふるまいます。**しかし，プレートが接合する面は均質ではなく，固着が強い部分と弱い部分とがまだらに存在すると考えられています。**

へえぇ～！　全体ががっちりと接合しているわけではないんですね。

そうなんです。**アスペリティ**とは，通常は強く固着していて，あるときに急激にずれて地震の波を発生する領域のうち，周囲にくらべて特にすべり量が大きい領域のことを指します。
アスペリティモデルは，このようなプレート境界や活断層などの断層面上の不均質性をあらわす概念モデルの一つなのです。

なるほど。具体的にはどんなモデルなんですか？

アスペリティの領域は，接着している太平洋プレートの沈みこみにともない，その周辺にひずみが蓄積し，やがて限界をむかえると，陸側プレートが元の位置に戻ろうとする力でアスペリティがこわれ，プレート境界が一気にすべるというモデルです（次のページのイラスト）。

強く固着している部分は，太平洋プレートに引きずられて，ひずみがたまりやすいという考え方なんですね。

はい。そして，このモデルでは，さらに次のようなステップを考えています。
アスペリティの領域は，ひずみを解消するためにずれ動いたあと，再び強く固着し，同様の経緯をたどって，地震をくりかえし発生させるというものです。
そのような地震は**くりかえし地震**あるいは**固有地震**とよばれ，アスペリティを特徴づける地震ともいえます。

アスペリティと地震の関係
次のイラストは，アスペリティの部分で地震が発生するしくみ

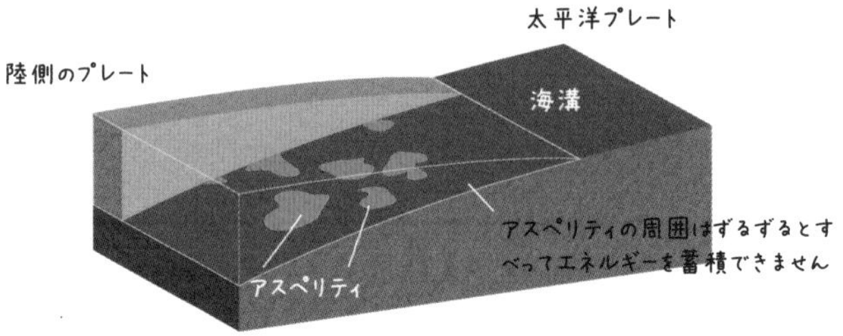

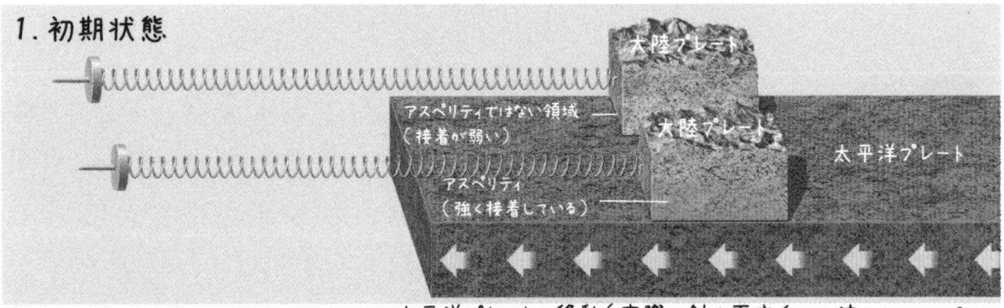

太平洋プレートの移動（実際は斜め下方向へと沈みこんでいるが，ここでは単純化して水平方向の移動としてえがいた）。

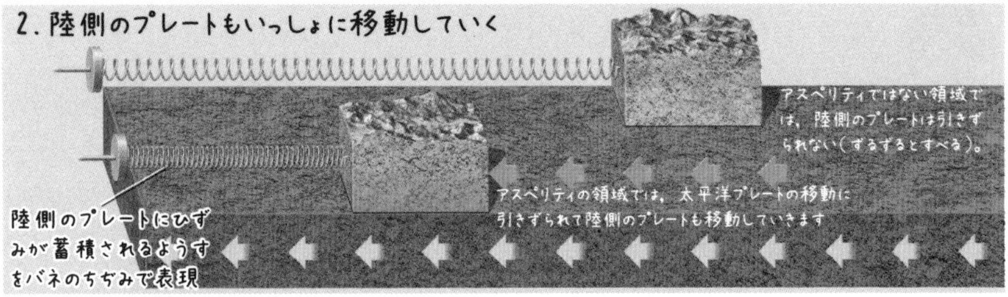

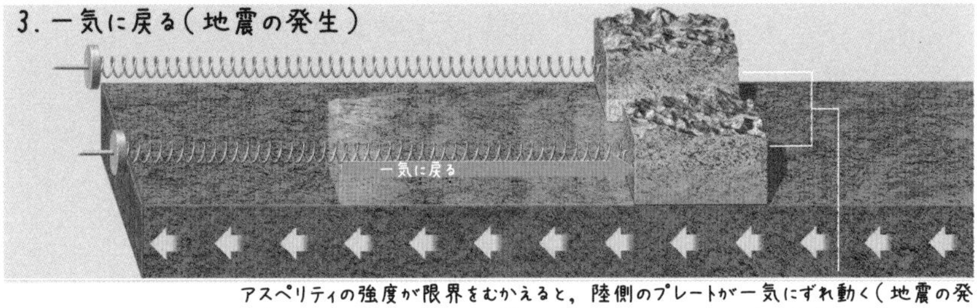

アスペリティの強度が限界をむかえると，陸側のプレートが一気にずれ動く（地震の発生）。なお，必ずしも元の位置まで戻るとはかぎらない。元の位置まで戻りきらない場合には，地震を引きおこすエネルギー（ここではバネのちぢみ）が残されることになる。

固着が強いところは，地震がおきやすくて，しかもくりかえすわけですか。
先生，ではあまり強く固着していない領域では，あまり大きな地震はおきないと考えられますか？

はい。アスペリティモデルでは，プレートどうしの固着が弱い領域では，接触面は普段からずるずるとすべっているか，あるいは激しい揺れを発生させない，ゆっくりとしたすべりがときおり発生して，ひずみを蓄積しないと考えられています。
これが，227ページでお話しした**スロースリップ**です。

大陸プレートの跳ね上がりがすごくゆっくりだという話でしたね。

その通りです。
アスペリティモデルは，プレート境界のつなぎ目のようすをかなり単純化したものですが，プレート境界地震が同じ場所でくりかえし発生することや，ときには複数の震源域が連動して巨大な地震となることと対応づけられて研究が進められてきました。

ではどうして東北地方太平洋沖地震が想定外といわれているのでしょうか……？

M9の地震は本当に想定外だったのか？

「M9クラスは想定外」となったことについては，いくつか理由や背景があります。その中で最も大きな理由は，最近約100年間の地震のおこりかたにとらわれすぎ，地質や地形の研究から得られる，より長期間の変動に関する研究成果が取り入れられなかった点にあると考えています。**超巨大地震のサイクルは数百年程度と長く，100年の観測では決してとらえることはできません。**

地震について，次のイラストを見てください。1896年以降に千島海溝から日本海溝周辺でおこったM7以上の地震を見ると，最大M8.3で，震源域の面積は2011年の東北地方太平洋沖地震と比較するとずっと小さいことがわかります。

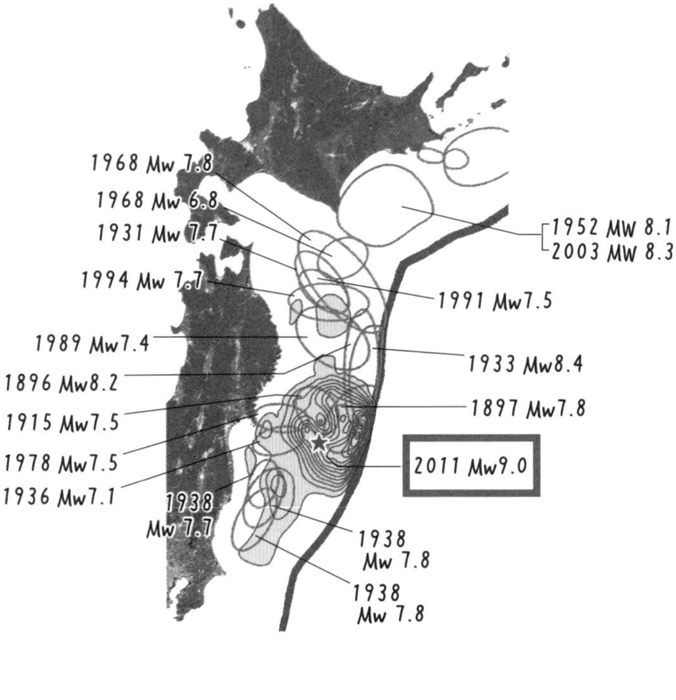

大きくちがいますね……。

これらのM7〜8クラスの震源域には，先ほどお話ししたアスペリティが含まれており，くりかえし地震が発生した場所もあります。
アスペリティモデルにしたがえば，固有地震の周辺はひずみがあまり蓄積されないため，固有地震あるいはアスペリティが存在すると考えられる場所に注目し，一定の周期で地震が発生してひずみが解消されるとして地震の発生確率が評価されてきました。

ひずみは解消されるから，大きな地震には至らないだろうという考えのもとに地震の確率が出されていたんですね。

はい。政府の地震調査研究推進本部では，基本的に「同じ場所で同じような地震がほぼ定期的にくりかえす」という仮定のもとに，大きな被害をもたらす可能性が高い「活断層で発生する地震」，「プレート境界やその付近で発生する地震（海溝型地震）」について，地震発生確率値を含む長期評価結果を公表しています。
2011年1月の時点での長期評価で，先ほどお話しした通り，宮城県沖ではM7.5前後の地震が，30年のあいだに99％の高い確率で発生することが公表されました。
この高い確率の根拠は，先ほどお話ししたような考え方やモデルに由来しますが，それらの考え方やモデルは，**最近約100年**の地震の発生のしかたにもとづくものなのです。

なるほど……。地殻変動のお話では，何百年から何億何千万年という数字まで出てきましたから，約100年というと，だいぶ短い感じがしますね。

また，日本列島のみならず，太平洋を取りまくほかの沈みこみ帯も含めた地震の研究から，日本海溝のような**古いプレート**が沈みこむ場所では，M9クラスの地震は発生しない，あるいは発生しにくいのではないかと考えられていました。

そうなんですか。どうしてプレートが古くなると地震がおこりにくくなるのでしょうか。

若い海洋プレートは密度が小さいため沈みこみにくく，陸側プレートとの摩擦が大きい一方，古いプレートはプレート境界での摩擦が小さいためではないかと考えられたのです。
このような研究結果も背景となり，古い太平洋プレートが沈みこむ日本海溝では，一定の震源域がくりかえし周期的にすべり，M9クラスの地震を引きおこすような大きなひずみはたまらないという考えが地震学者の間で広く受け入れられるようになりました。また，この考えが先ほどお話しした長期評価にも反映されました。

それで，想定外という言葉が使われていたのですね。

ええ。しかしその一方で，東北沖で過去に巨大な地震が発生していたこと，および超巨大地震が発生する可能性があることも，はっきりと指摘されていました。

どのような指摘だったんでしょう？

東北地方において過去約100年間の測地学的観測で得た水平ひずみ速度と，1万年〜100万年ほどの地質学的時間スケールで平均した水平ひずみ速度とでは，測地学的に得られた速度が約10倍大きいことが指摘されていたんです。少しかみくだいていいかえると，過去の地層などにのこる「もとに戻らないひずみ」は全体の10分の1，すなわち10％しかなく，残る90％のひずみは，ばねのひずみのように「もとに戻るひずみ」であるということです。
つまり，この「もとに戻るひずみ」が，100年間以上の長期にわたって大陸プレートに蓄積されていることになります。そして，100年をこえる周期でおこるプレート境界での大きな地震によって，このひずみが解放されるはずである，という予測が1990年代に提出されたのです（下のイラスト）。

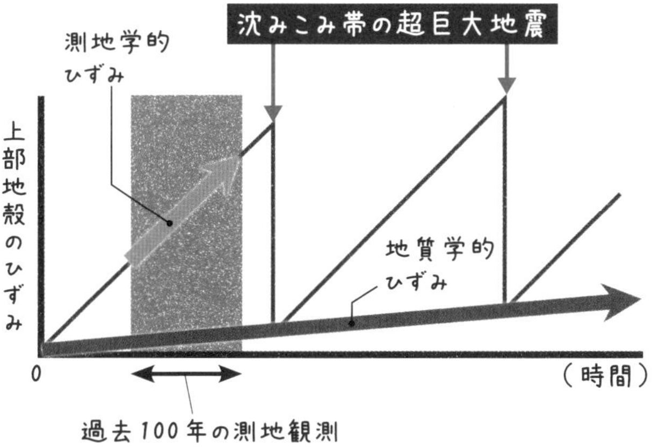

たまっているひずみの差が，両者で10倍もちがうって，かなりですね……。地質学的に，この「大きな地震」って，どのくらいのマグニチュードだと考えられたのですか？

測地学的データが存在する過去約100年間に，日本海溝ではM7〜8クラスの地震がいくつも発生していましたが，それらの規模の地震では，ほとんど弾性的ひずみを解放していないことになります。そのため，数百年に一度，それを上回る規模，**つまりM9クラスの超巨大地震が必要と見積もられたのです。**

うわ〜！　実は，東北地方太平洋沖地震に匹敵する規模の地震は数百年に一度おきていた，ということですね!?

はい。この考えは，2000年代に入って，東北地方の長時間の隆起や沈降といった上下の変動を，地形学的な証拠にもとづいて解析した結果からも支持されました。
長い周期の現象は，約100年間の観測だけからではとらえられず，地質や地形に刻まれた記録を読み解く必要があるのです。

そういうことですか……。

さらに2000年代以降の調査により，仙台平野などには，津波によって内陸の奥深くまで運ばれたとみられる土砂の堆積物の層が，いくつか残されていることが明らかになりました。

過去に大きな津波もあったのですね。

そうです。『日本三代実録』という歴史書には，869年に，三陸沖で巨大地震が発生し，その地震によって津波が発生したことが記されています。
この津波によって運ばれた堆積物が到達した範囲は，東北地方太平洋沖地震の際の津波に匹敵するほどの範囲で，津波の数値シミュレーションと組み合わせた研究により，M8.4以上と推定されました。しかし，この研究結果が一般に広く周知される前に，東北地方太平洋沖地震が発生してしまったのです。

過去に巨大地震や，それにともなう巨大な津波がおきていたのか……。うぅむ。

予想外の場所が一気に50メートルずれた

次のイラストは，東北地方太平洋沖地震の震源域をあらわしたものです。**震源域とは，地震によって，ずれが生じた領域全体をいいます。**
東北地方太平洋沖地震の震源域は，岩手県の沖合から茨城県の沖合まで，**南北約450キロメートル，東西は最大約200キロメートルにもおよんでいます。**

ものすごく広いですね。

はい。この震源域がいかに巨大かは，過去に発生した宮城県沖地震や，周辺のM8クラスの震源域（次のページのイラストの，灰色の円部分）と比較すれば，一目瞭然です。

灰色の円部分が，過去に発生した宮城県沖地震（M7～8クラス）の地震震源域。

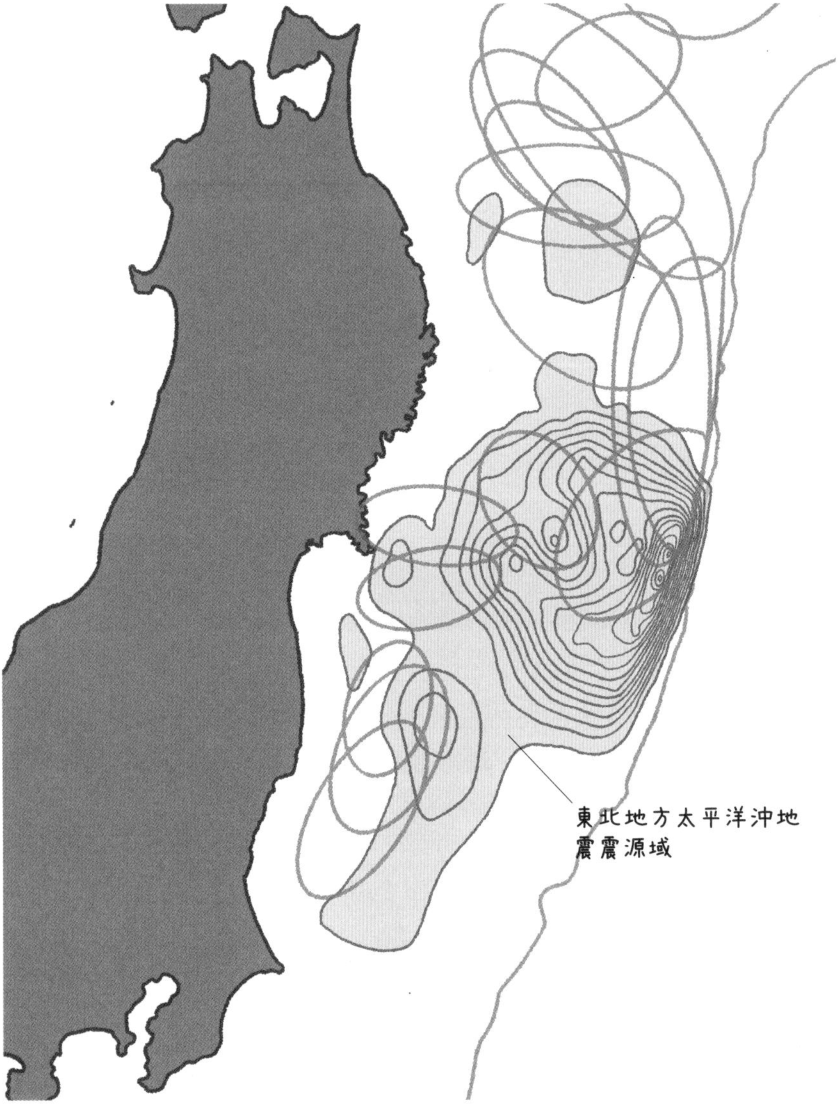

もう，広さが大きくちがいますね。
先生，3月11日の地震では，震源域はどれくらいずれ動いたんでしょうか？

断層やプレート境界にそって岩盤がずれ動いた量のことを**すべり量**といいます。最近の解析結果によると，東北地方太平洋沖地震の最大すべり量は，震央（震源の真上の地点）付近では50メートルに達することがわかっています。

50メートル……。

太平洋プレートの沈みこみ量は年間約8センチメートルですから，大陸プレートは最大で年間約8センチメートルずつ引きずられ，やがてその部分が反動をおこしてずれ動くわけです。
岩盤が50メートル動くということは，大陸プレートが約600年間ずれ動かず，ひずみがためこまれていた，という計算になります。

そ，それは桁ちがいのエネルギーですね……。

また，50メートルもずれ動いた部分が，太平洋プレートの沈みこみラインである日本海溝に近い部分であったという点も，意外なことでした。

意外というと……？

一般論として，海溝に近い領域はプレートどうしの接着が弱いと考えられていたからです。というのも，プレート境界のうち，海溝寄りの領域では，海側のプレートが運んできた海底堆積物がプレート境界のあいだに入りこむため，接着が弱くなると考えられるからです。

なるほど，アスペリティのところでお話がありましたね。プレートどうしの接着が弱いと，大きな地震にはならないはずだと。ということは実際には，ずれの大きかった海溝付近は最も強く海洋プレートと接着していたということでしょうか？

うーん，最もずれ動いた領域（海溝沿いの領域）が，最も接着の強いアスペリティの場所だったかという点はよくわかっておらず，疑問がもたれています。
数百年間も接着し続けた強力なアスペリティが海溝沿いよりも少しだけ陸側の領域にあり，最もずれ動いた海溝沿いの領域は，その強力なアスペリティに“ピン留め”されていたのではないかという見方もあります。

ううーん，謎は深まるばかりですね。

いずれにせよ，**東北地方太平洋沖地震は，過去約100年間の地震のおこり方にもとづくアスペリティモデルから想定されるよりも，はるかに大きなひずみが蓄積されていたことによって引きおこされたといえます。**

広範囲にわたって海底が隆起し，津波が発生した

東北地方太平洋沖地震の大きな特徴の一つが，**津波**です。巨大な津波が発生し，周辺の地域に壊滅的な被害をもたらしました。

このときの巨大な津波はどのようにして発生したのでしょうか？

そもそも津波を引きおこすのは，海底の隆起や沈降です。プレート境界地震で陸側のプレートが跳ね上がると，海底も跳ね上がります。急激に隆起するわけです。
海底が一気に隆起すると，その上にある海水もいっしょに持ち上がり，盛り上がった波が周囲に伝わっていきます。これが津波です。

なるほど。

発生した津波は，発生した状態からほとんど形を崩さないまま沖合を伝わっていきます。しかし，海岸に近づいて水深が浅くなると速度が下がり，後ろからくる波が追いつくようになります。
このため，海岸に近づくにつれ，津波の高さは増していきます。

波が合成されて，大きくなっていくんですね。

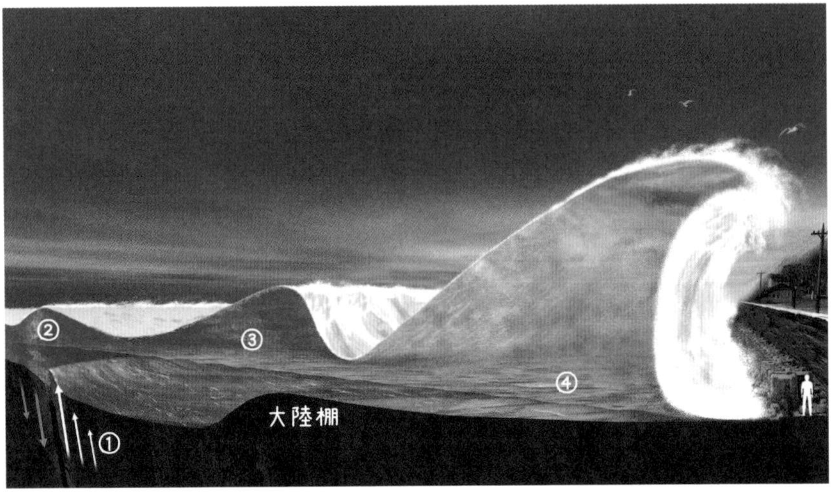

①海溝型の地震によって，海底が急激に隆起あるいは陥没する。この変化が海面に伝わり，津波が発生する。
②津波は四方に伝わる。伝わる速度は海底が深いほど速くなる。
③水深が浅くなる大陸棚の端で，急に津波が高くなる。
④津波は陸地に近づくほど波が高くなる。

はい。東北地方太平洋沖地震の津波は，沖合の海底にある2か所の水圧計で観測することができました。**2か所の観測データのいずれにおいても，まずは比較的ゆるやかに，そして長時間にわたって水位が上昇していました。**これは，東北地方太平洋沖地震の震源域の幅（ここでは東西方向を指す）が200キロメートルにもおよび，広範囲にわたって海底が隆起したことを示しています。

先ほど図で見たように，東北地方太平洋沖地震は，震源域が桁ちがいに広かったですね。

その通りです。
海底の隆起によって，持ち上がった海水の幅も広くなりました。このため，津波の先端が海岸に到達したあとも，長時間にわたって水位が高い状態が維持されたのです。
その結果，仙台平野などで内陸奥深く，海岸から5キロメートル以上の地点まで津波が到達することとなりました。

そういう理由だったのですね……。

また，**2か所の観測データでは，長時間にわたる水位の上昇の次に，急激で非常に大きな水位の上昇が見られました。**

水位が上昇しただけではなく，さらに急激に盛り上がる!?　なぜそんなことがおきたのでしょうか？

これは，震源域のうちの海溝沿いの領域の海底が，せまい範囲ながらも非常に大きく隆起したことが原因です。
こうして発生した高い津波は，継続時間は比較的短いものの，最終的には高さ（浸水高）15メートル以上となり，各地に押し寄せたのです。

東北地方太平洋沖地震では，2段階の津波が発生したのですね。

TM2
TM1
東北地方太平洋沖地震ですべり量の大きかった領域。なかでも東側の海溝沿いの領域（濃い紫色の部分）は，とくにすべり量が大きくなった。

海底圧力計「TM1」で観測された津波

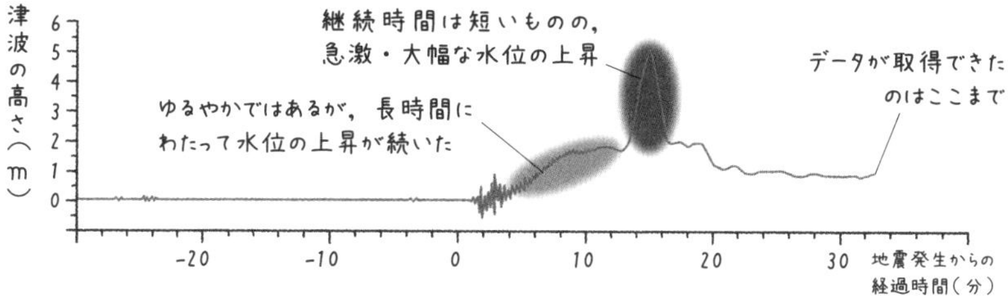

海底圧力計「TM2」で観測された津波

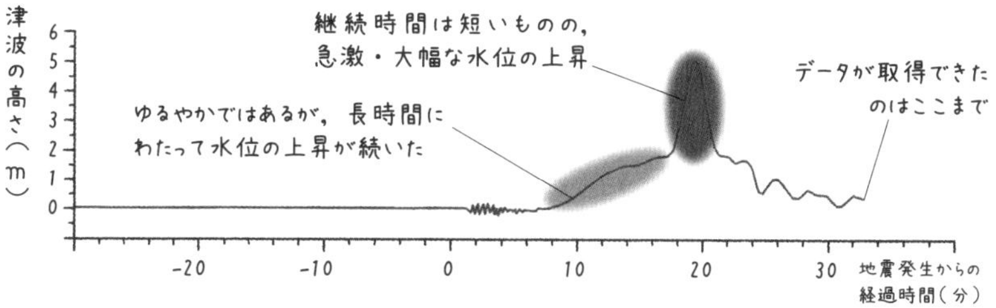

TM1のほうが震源域（津波の波源域）に近いため、TM2にはTM1よりも少し遅れて津波が到達した。ほぼ同じ波形であることに注目。

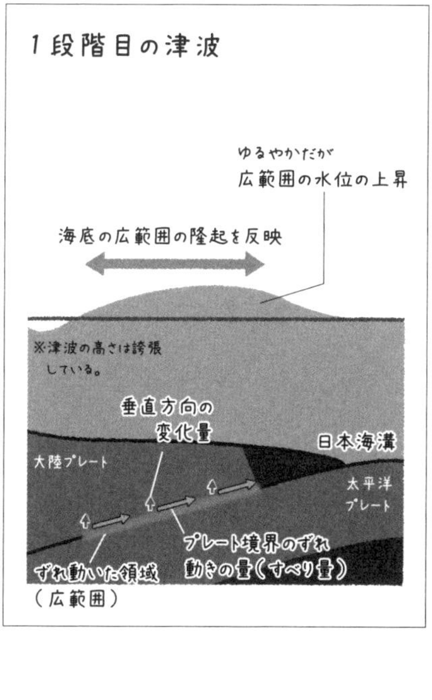

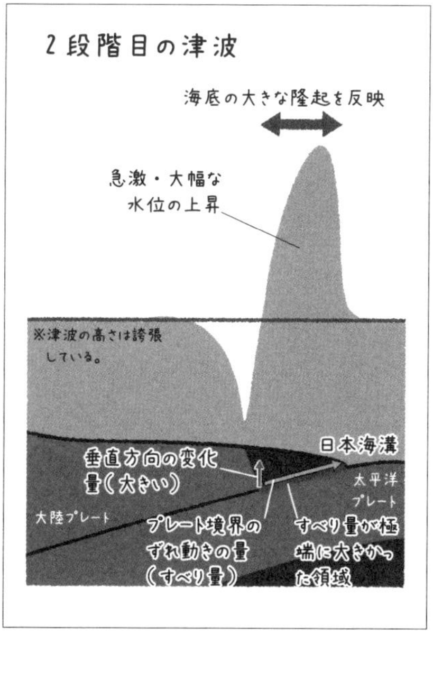

1か月前から3.11ははじまっていた

東北地方太平洋沖地震が発生した3月11日，実はその前に，準備段階ともいえるような現象がいくつかおきていたことが，あとになってわかっています。

予兆のようなものがあったのですね。

次のページのイラストは，これらの現象をあらわしたイラストです。順を追って見ていきましょう。
まず，「本震」が発生する前のおよそ1か月のあいだには，本震の震源（ずれ動きの開始地点）の東側で，スロースリップが発生していました（右のイラスト1）。

大陸プレートがゆっくりと元に戻るようにプレート境界でスリップがおこる現象でしたね。

そうです。このスロースリップによって解放されたエネルギーは，M7に相当するといいます。なお，この過程では，スロースリップが発生している領域内で，最大M5クラスを含む地震が群発的に発生しています。

これが最初の前兆ですか……。

続いて3月9日，つまり本震発生の2日前には，スロースリップが発生した領域の少し西側で，M7.3の地震が発生しました（イラスト2）。

1．本震1か月前のスロースリップ

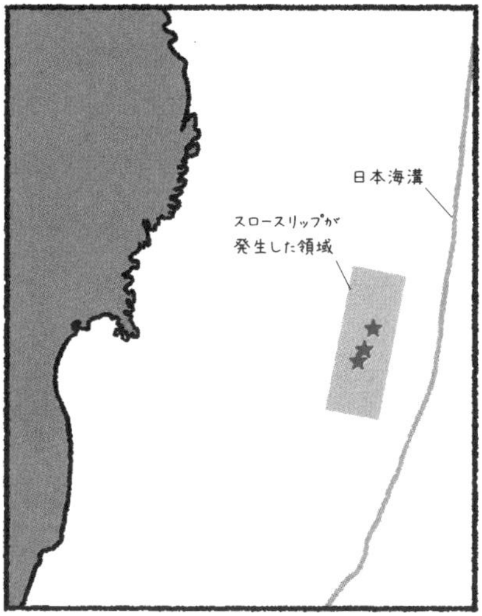

2．本震2日前の前震

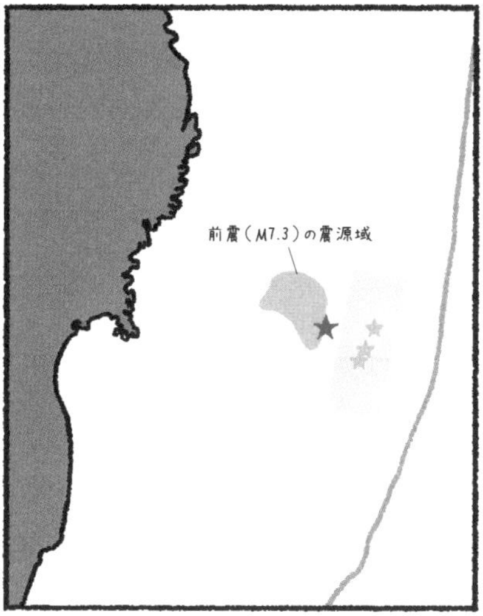

3．前震の余効すべり

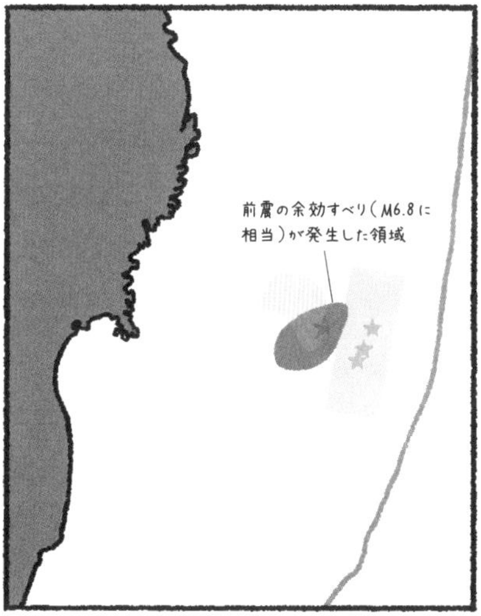

4．本震の発生

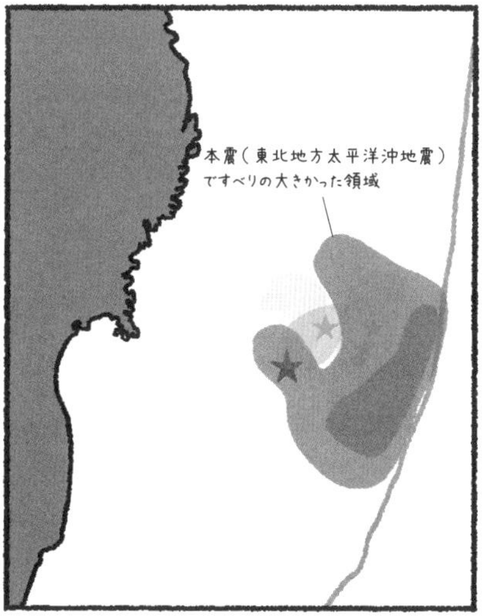

その地震は，なぜおきたんでしょう？

先のスロースリップによってプレートが少し動き，それに誘発されるようにして発生した地震かもしれないといわれています。
なお，この地震の震源域は，3月11日の本震の震源の少し北側にあたり，あとになって，本震に先立って発生した「前震」であった可能性が指摘されました。
さらに，3月9日の地震のあと，**余効すべり**とよばれる現象も確認されています（イラスト3）。

余効すべり？

余効すべりとは，地震による急激なずれ動きのあとに見られる，ゆっくりとしたすべりのことで，これもスロースリップの一種です。
このときの余効すべりによって解放されたエネルギーはM6.8に相当し，M7.3という地震に対する余効すべりとしては，比較的規模の大きなものでした。
しかもこの余効すべりは，3月9日の地震の震源から南向きに広がっていったのです。その広がった先にあるのが，3月11日の本震の震源です（イラスト4）。

本震の震源あたりで，いろいろなことがおこっていますね。でもこの一連の流れには，どのような意味があるんですか？

3月11日の本震に至るまでに，本震の震源域付近で，徐々にプレートの接着がはがれていったことが考えられます。

プレートの接着がはがれたですって？

はい。数百年間以上にわたってがっちりと接着し，地震のエネルギーをため続けてきた震源域が，その内部や周辺の“支え”を失っていき，最後には耐えられなくなって一気にずれ動いたようなイメージです。
ただし，このようなイメージが本当に正しいのかどうか，また，もし正しかったとしても，ほかの地震でも同じような現象がおきうるのかどうか，現時点ではよくわかっていません。

やはり，謎なんですね。

さらに話をややこしくしているのが，似たような現象が，より以前からおきている点です。たとえば最初のイラストで紹介した領域では，2008年にもスロースリップがおきていました。

そのときは，大きな地震につながらなかったわけですね。

そうですね。
スロースリップがおきたからといって，ただちに大規模な地震が発生するとは限らないんです。

また，2000年代に宮城県沖から福島県沖のプレート境界ではスロースリップが発生した形跡があります。
しかしこれらが，2011年の東北地方太平洋沖地震に向けた準備段階であったのか，それとも関係のない現象なのか，判断するのはやはりむずかしいのです。

それらのスロースリップが巨大地震を招くきっかけになった可能性もあるわけですね。

はい。将来的には，スロースリップなどを検出することで，大規模な地震が発生する確率が高まっていることを告知するようなシステムをつくれるかもしれません。
しかしそのためには，何度も事例を重ね，スロースリップと地震との関係について，もっと理解する必要があります。**しかし，たとえそれらのシステムが実現しても，それはあくまでも「確率的な予測」であり，「確定的な予知」とはならないのです。**

地震の予測は，想像以上に困難なものなんですね……。

STEP 3

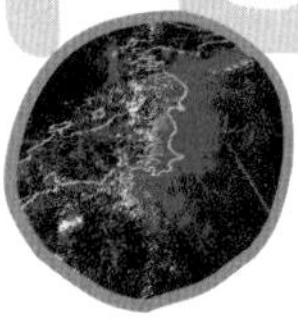

巨大地震はいつ発生してもおかしくない

遠くない将来，発生が予測されている巨大地震が，南海トラフ地震や関東地震，首都直下地震です。これらの地震発生は避けられず，またいつ発生してもおかしくないといいます。

発生が危惧されている「南海トラフ地震」とは

先生，地震の予測がすごくむずかしいことがよくわかりました。今，近い将来発生しそうな地震として，**南海トラフ地震**が注目されていますよね。

そうですね。ここからは，近い将来発生する可能性の高い巨大地震について考えていきましょう。まずは，南海トラフ大地震です。
日本列島は，四つのプレートがせめぎ合っている，複雑なプレート構造であることはもうおわかりですね。

はい。

日本列島の西半分を乗せたユーラシアプレートと，南から沈みこんでくるフィリピン海プレートとの境界には，**トラフ**（舟状海盆）という溝が形成されています。
このうち，駿河湾から日向灘沖にかけての区域を**南海トラフ**といいます※。

※：南海トラフのうち，北方にあたる駿河湾から遠州灘沖合までは駿河トラフともよばれます。

南海トラフ巨大地震の想定震源域

南海トラフより北の広い範囲が震源域となる。東海地震は静岡県の真下から浜名湖沖まで，東南海地震は浜名湖沖から紀伊半島潮岬沖まで，南海地震は潮岬沖から四国南方沖までが震源域と区別をさす。現在は，潮岬沖を境として，東側と西側に分けられている。

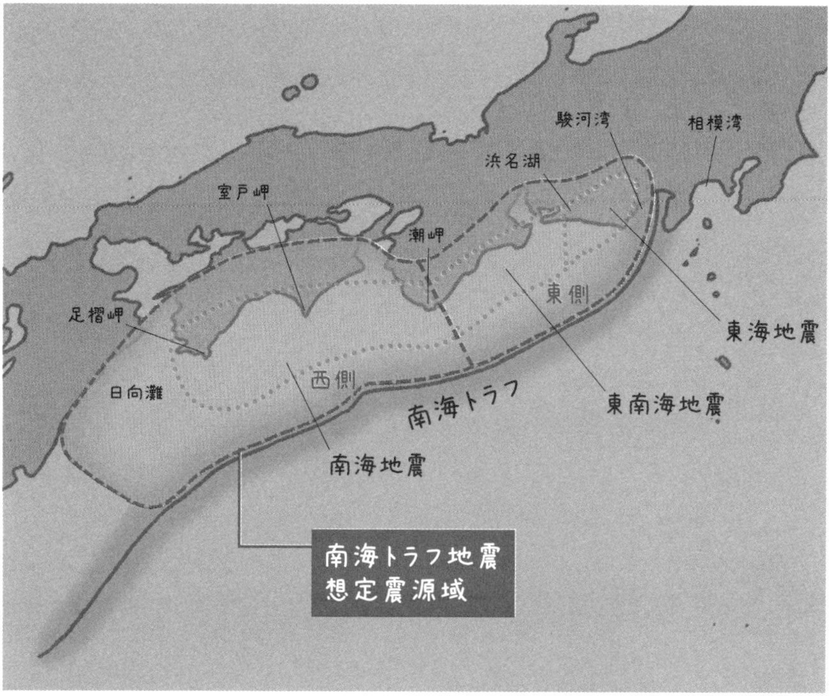

日本列島付近のプレート

日本付近には4枚のプレートが押し合っている。日本列島は陸側プレート（北アメリカプレートとユーラシアプレート）の上に乗っていて，太平洋プレートとフィリピン海プレートがその下に沈みこむため，日本海溝や南海トラフでは地震が多く発生する。

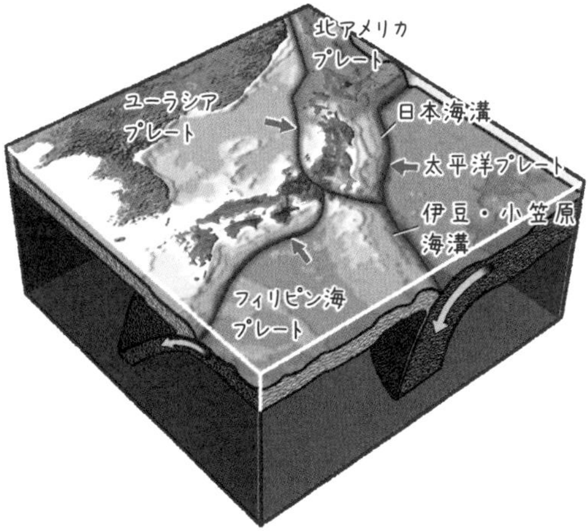

南海トラフでは，フィリピン海プレートが年に4～5センチメートルの速度で沈みこんでいます。
つまり，この付近の大陸側のプレートには，1年間に最大で4～5センチメートルずつ，ひずみが蓄積されている可能性があります。

そのひずみが限界に達すると跳ね上がって……。
先生，ということは，南海トラフ地震は，東北地方太平洋沖地地震と同じ，プレート境界型地震になるのでしょうか。

その通りです。前にお話ししたように，プレート境界型地震は，巨大な地震を引き起こす可能性があります。南海トラフ地震も規模が大きく，揺れが広い範囲におよぶことが予想されます。また，東北地方太平洋沖地震と同様に，巨大津波の襲来も予想されます。

南海トラフ地震も，巨大地震になる可能性があるんですね。

はい。南海トラフで発生する地震は，震源域の場所によって，**東海地震**，**東南海地震**，**南海地震**の三つに分けられていました。「東海地震」は静岡県の真下から浜名湖沖まで，「東南海地震」は浜名湖沖から紀伊半島の潮岬沖まで，「南海地震」は潮岬沖から四国南方沖までが震源域となります。
しかし，南海トラフ地震は三つの震源域を横断して連鎖的に発生する可能性があります。また，過去の地震のおこり方から，潮岬沖付近を境として震源域を東側と西側にわけ，どちらかがすべって地震が発生することを「半割れ」，全体がすべった場合を「全割れ」と表現することがあります。

万が一，全部すべったら……，相当な規模ですね。

そうです。**2011年東日本大震災後，これら震源域の連動と拡大を考慮し，M9.1のモデルに基づいた被害想定や防災対応が国や各自治体で検討されています。**

M9規模ですか！

南海トラフ地震はいつ発生してもおかしくない

南海トラフでは，過去に巨大地震がおきたことはあるんですか？

はい，**南海トラフ地震は周期的に発生しています。**特に太平洋沿岸部の地域は，江戸時代以降，90～150年おきに大震災に見舞われてきたのです。

そうだったんですね！

これまでの南海トラフの巨大地震をふりかえってみましょう。最近では，昭和の**東南海地震**（1944年，M7.9）と，**南海地震**（1946年，M8.0）です。これらの地震では，多数の犠牲者が出ました。また，江戸時代には，**安政東海地震**（1854年，M8.4）と**安政南海地震**（1854年，M8.4）が発生しています。この二つの地震は，32時間の間隔をおいて連動的に発生しました。

南海トラフの巨大地震

南海トラフでは，684年の白鳳地震から1946年の南海地震まで，13回くりかえして巨大地震が発生したと記録されています。左の年表には，1498年の明応地震以後に発生した地震を示しました。どれもM8前後の巨大地震です。地震そのもののエネルギーは，マグニチュードが1大きくなると約32倍，2大きくなると1000倍大きくなります。

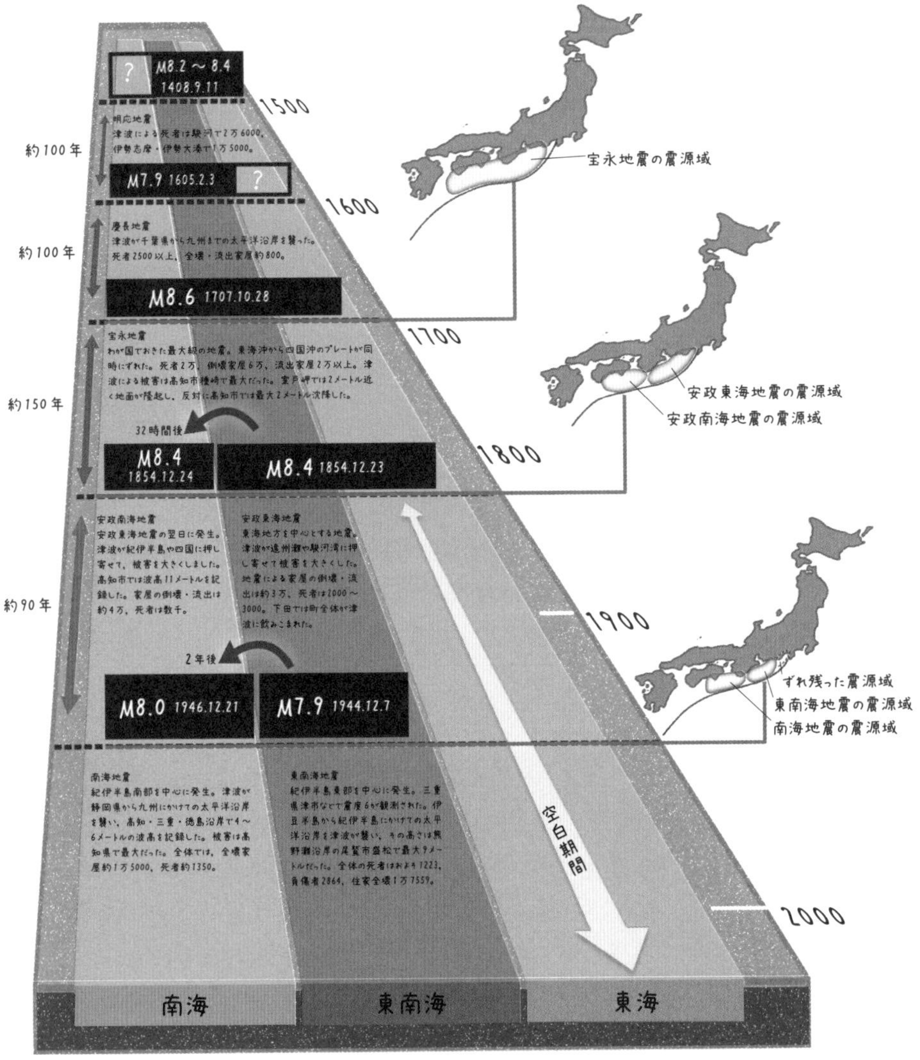

その150年前には，**宝永地震**（1707年，M8.6）が発生しており，東海沖から四国沖までのプレート境界が一挙にずれ，およそ2万人が死亡したといわれています。

この時代に犠牲者が2万人とは，相当な規模ですね……。

また，飛鳥時代には，684年に**白鳳地震**が発生しており，古文書などの記録には，白鳳地震から現在までに合計13回の巨大地震が発生していることが記されています。このように，**同じ震源域で同じような地震がくりかえし発生したことが，長期間にわたって記録に残された例は世界中でも大変めずらしいといえます。**

13回もですか！

いろいろな調査の結果，これらの地震は短期間に連動して発生することが多く，しかも東から順に発生することがわかっています。このように，**南海トラフの地震には「周期性」と「連動性」という特徴があります。**

「連動性」は，東北地方太平洋沖地震とはまたちがう特徴ですね。

そうですね。1854年の安政東海地震では，紀伊半島潮岬沖から駿河湾までのプレートがずれたのに，1944年の東南海地震のときは，なぜか紀伊半島沖から浜名湖まで止まってしまい，浜名湖から東側の部分のプレートがずれ残りました。このため，**その部分にひずみが蓄積したままになっていると考えられています。**

南海トラフ地震の被害予測

次の図は，南海トラフ地震で被災が予想される地域の震度の予想図です。静岡県の伊豆半島から鹿児島県までの太平洋沿岸は，震度6弱から7の強い揺れに襲われると予測されています。

かなり広範囲になりますね。

そうなんです。**南海トラフ地震は，予想震源域が非常に幅広いため，1回の地震ではおさまらず，複数の震源域が連動し，地震が連鎖的に発生する可能性があります。**
南海トラフのような海溝型地震ではありませんが，2016年の熊本地震では，震度7の地震が2度発生したために，耐震基準を満たしていた建物でも崩壊してしまうケースが見られました。

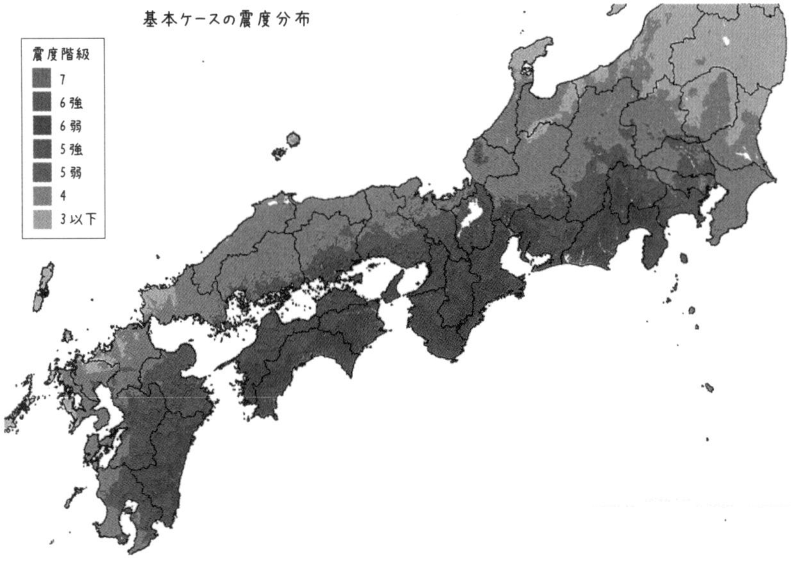

下の表は，太平洋沿岸での被害の予想をまとめたものです。しかし，強い地震が連鎖した場合，発生する被害は，表の数字を大きくしのぐ可能性もあります。

太平洋沿岸での被害予想

予想被災地		最大震度 ※1	最大津波高（m）※2	1m津波の到達最短時間（分）※3	死者（人）※4	倒壊建物（棟）※5
東京都	区部	5強	3	185	1,100	1,900
	島嶼部	5強	31	11		
千葉県	南房総市	5強	11	31	600	1,800
神奈川県	横浜市	6弱	10	26	1,200	3,800
	三浦市	5強				
静岡県	沼津市	6強	33	4	88,000	260,000
	下田市	6強		13		
	浜松市	7		5		
愛知県	名古屋市	7	22	102	14,000	326,000
	豊橋市	7		9		
三重県	津市	7	27	66	31,000	217,000
	熊野市	7		4		
和歌山県	和歌山市	7	20	46	53,000	171,000
	白浜町	7		5		
大阪府	大阪市	6強	5	113	3,600	314,000
兵庫県	神戸市	6強	9	83	3,100	45,000
	南あわじ市	7		39		
徳島県	徳島市	7	24	6	18,000	119,000
香川県	高松市	6強	5	81	2,800	45,000
愛媛県	松山市	6強	21	137	9,200	168,000
高知県	高知市	7	34	-	30,000	223,000
	土佐清水市	7		4		
大分県	大分市	6強	15	47	6,700	31,000
宮崎県	宮崎市	7	17	18	25,000	75,000
鹿児島県	志布志市	6弱	13	36	700	6,900

出典

※1　内閣府防災情報：市町村別最大震度（平成24年8月29日発表）

※2　内閣府防災情報：都府県別最大津波高 満潮位・地殻変動考慮（平成24年8月29日発表）

※3　内閣府防災情報：都府県別市町村別津波到達時間一覧表（平成24年8月29日発表）

※4，5内閣府防災情報：南海トラフ巨大地震の被害想定 施設等の被害・経済的な被害（令和元年6月）

数値

※4　各都府県で死者数が最大となるケース（地震動ケース 陸側），風速8m/s。

※5　各都府県で全壊棟数が最大となるケース（冬・夕方）。

※4，5ともに地震動に対して堤防・水門が正常に機能した場合。

また，南海トラフ地震で特に心配なのは長期停電を含む甚大なライフライン被害です。震源域が関東から九州におよぶため，停電する地域が多く，特に**四国，関西，中部地方では，場合により，2週間におよぶ停電や1か月にわたるライフラインの深刻な機能損失の可能性があります。**

医療機関でライフラインが長期間ストップしたら，人命にかかわってしまいますね……。

さらに，津波の発生も予測されています。
震源が近い場合，発生直後に高い津波に襲われるところも出てきます。強い揺れに襲われた直後といってもいいほどの短時間で，津波が到達してしまうでしょう。

東北地方太平洋沖地震よりも長い海岸線ですよね。被害ももっと広い範囲にわたってしまうのでしょうか。

海岸が切り立った崖になっているところでは，おどろくほどの高さまで津波が上ってきます。
一方，沿岸部，特に海に面した平野部のようななだらかな地形のところでは，津波がかなり内陸部まで入りこみます。
東北地方太平洋沖地震では，5キロメートル以上内陸部へ入った仙台市内にまで津波が到達しているのですから，海に面していない地域でも大きな被害を受けるかもしれません。

ともかく，できる限り早く避難しなくてはならないですね。

また，**南海トラフ地震のようなプレート境界型地震は，揺れの継続時間が長く，長周期の地震波を発生させることにも留意しなくてはなりません。**周期とは，揺れが1往復するのにかかる時間のことで，周期が長い大きな揺れのことを**長周期地震動**といいます。大きな地震の際に発生します。このため，10階建て以上の建築物がユッサユッサと大きく揺らされ，揺れの継続時間も**数分間以上**と，直下型地震より長くなります。

長いですね！

揺れやすい固有周期

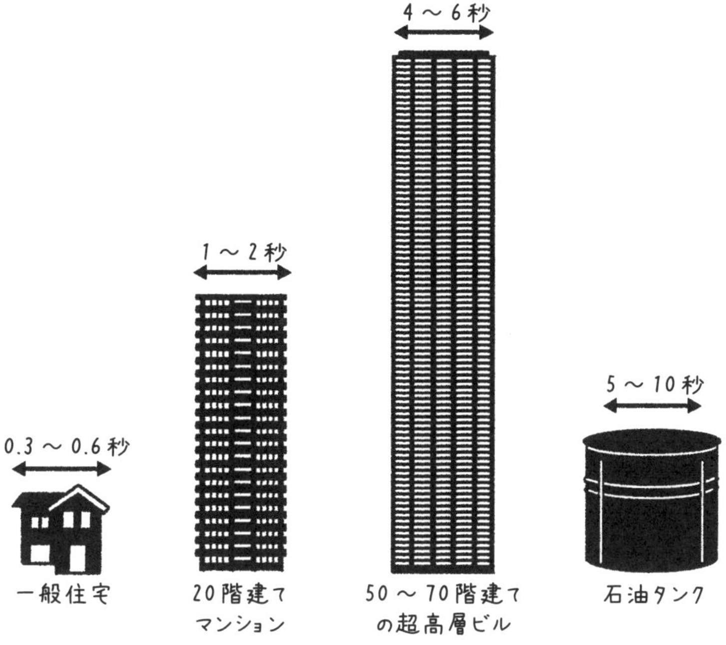

東北地方太平洋沖地震では，東京・新宿の54階建ての超高層ビルが，この長周期地震動を受け，**約13分間**にわたって大きく揺らされ続けたことがわかりました。

ええっ！　どうしてそんなに長くなるのですか？

関東平野などの大規模な平野や盆地は，柔らかい堆積層でおおわれており，堆積層で長周期の波が増幅されると同時に，堆積層が揺れる周期と超高層ビルが揺れやすい周期とが一致すると，このような大きな揺れが長く続くことになります。

大都市は大規模な平野部に立地しており，高層化等の進展により長周期地震動による影響を受けやすくなっています。地盤と建物の両方の特性に気をつけなくてはならないのです。

そうなんですね！

関東地方の下はプレートが重なり合う地震の巣

先生，南海トラフ地震だけではなくて，関東地方でも巨大地震が発生するといわれていますよね。人もインフラも過密状態の大都市で巨大地震がおきたら，いったいどうなってしまうんだろう……。

そうですね。首都圏は，1923年に**大正関東地震**という巨大地震に見舞われています。この地震がもたらした甚大な被害が，**関東大震災**です。2024年で関東大震災から101年が経過しましたが，その間に首都圏は，より人口が密集し，経済活動の集積化もきわだっています。

そ，そうですよね。

関東地震は南海トラフ地震と同様のしくみで発生するプレート境界型地震ですから，くりかえし発生します。**つまり，関東大震災並みの被害をもたらす巨大地震は確実にやってきます。**それだけでなく，**東京周辺の活断層を震源とするM7級の首都直下地震は，2020年1月24日時点で今後30年以内に発生する確率はおよそ70％といわれています。**

70％も……。

はい。**日本は地震の多い国ですが，その中でも，実は関東地方は地震が多い地域なのです。**

そうなんですか？　知りませんでした……。

気象庁は，1919年1月1日以降に，国内で震度1以上の揺れを観測した地震（海外が震源の地震も含む）を公表しています。その記録によると，1919年1月1日から2023年11月26日までのあいだに，震度1以上の揺れが観測された地震は，およそ21万7806個でした。

それは，日本全国でっていうことですね。

そうです。このうち，関東地方の地下を震源とする地震は5万2263個です。
東海地方（静岡県，愛知県，岐阜県，三重県）は1万2719個，近畿地方（兵庫県，大阪府，京都府，奈良県，滋賀県，和歌山県）は1万4971個なので，関東地方で発生する地震の数がいかに多いかがわかります。

本当だ。関東地方がダントツですね。どうして関東地方で地震が頻発するんですか？

その理由は，関東地方がまさに“地震の巣”の真上にあるからです。

地震の巣の真上!?

はい。日本列島は，大陸プレートの上に乗っていて，その下に，南東からフィリピン海プレートが1年間に3～4センチメートルの速度で沈みこみ，そこへさらに，東から太平洋プレートが，1年間に約8センチメートルの速度で沈みこんでいます。その重なり合っている場所の真上に位置するのが，関東地方なんです。

そういうことですか……。

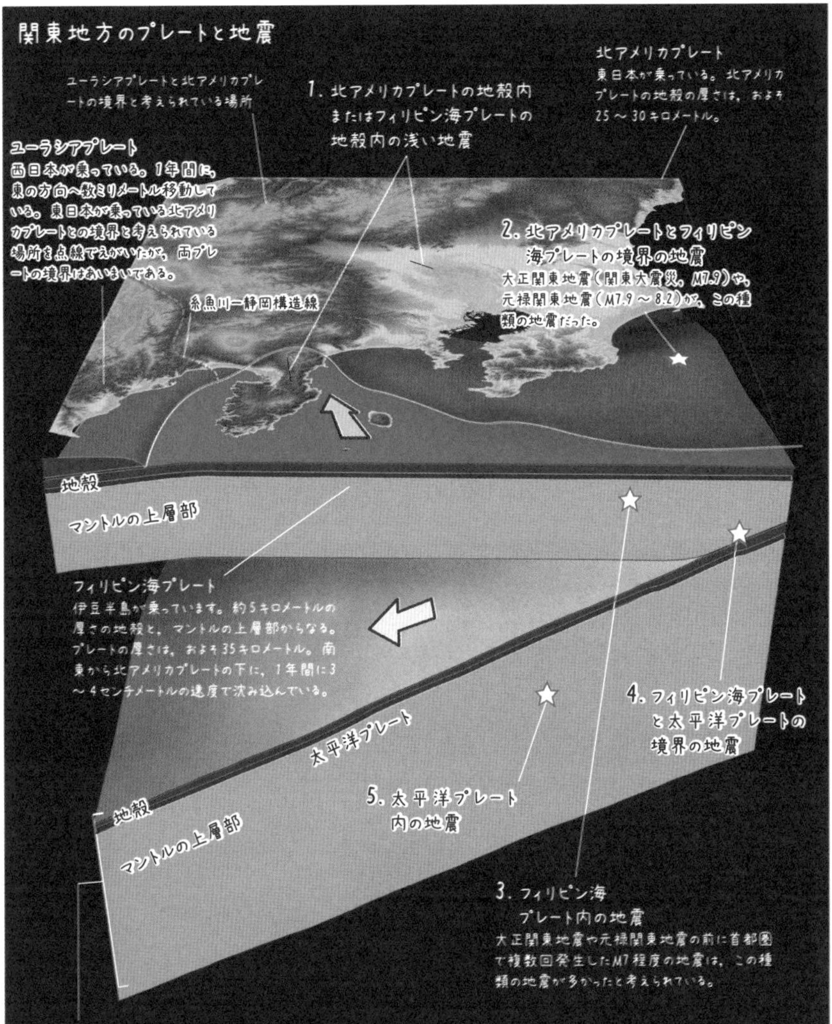

関東地方のプレートと地震
ユーラシアプレートと北アメリカプレートの境界と考えられている場所
1. 北アメリカプレートの地殻内またはフィリピン海プレートの地殻内の浅い地震
北アメリカプレート
東日本が乗っている。北アメリカプレートの地殻の厚さは，およそ25～30キロメートル。
ユーラシアプレート
西日本が乗っている。1年間に，東の方向へ数ミリメートル移動している。東日本が乗っている北アメリカプレートとの境界と考えられている場所を点線でえがいたが，両プレートの境界はあいまいである。
2. 北アメリカプレートとフィリピン海プレートの境界の地震
大正関東地震（関東大震災，M7.9）や，元禄関東地震（M7.9～8.2）が，この種類の地震だった。
糸魚川ー静岡構造線
地殻
マントルの上層部
フィリピン海プレート
伊豆半島が乗っています。約5キロメートルの厚さの地殻と，マントルの上層部からなる。プレートの厚さは，およそ35キロメートル。南東から北アメリカプレートの下に，1年間に3～4センチメートルの速度で沈み込んでいる。
4. フィリピン海プレートと太平洋プレートの境界の地震
太平洋プレート
5. 太平洋プレート内の地震
地殻
マントルの上層部
3. フィリピン海プレート内の地震
大正関東地震や元禄関東地震の前に首都圏で複数回発生したM7程度の地震は，この種類の地震が多かったと考えられている。
太平洋プレート
約5キロメートルの厚さの地殻と，マントルの上層部からなります。プレートの厚さは，およそ100キロメートル。東から北アメリカプレートとフィリピン海プレートの下に，1年間におよそ10センチメートルの速度で沈みこんでいます。

「関東地震」はくりかえす

首都圏の巨大地震を考える上で，やはり大正関東地震および，関東大震災は一つの参考となります。
ここで，あらためて大正関東地震をふりかえってみましょう。
まず，関東地震とは，関東周辺で発生する地震の総称です。北アメリカプレートにフィリピン海プレートが沈みこんでいる区域のうち，相模湾から房総半島南東沖にかけてを**相模トラフ**といいます。関東地震は，相模トラフ沿いで発生する巨大地震のことで，**相模トラフ巨大地震**と総称されることもあります。

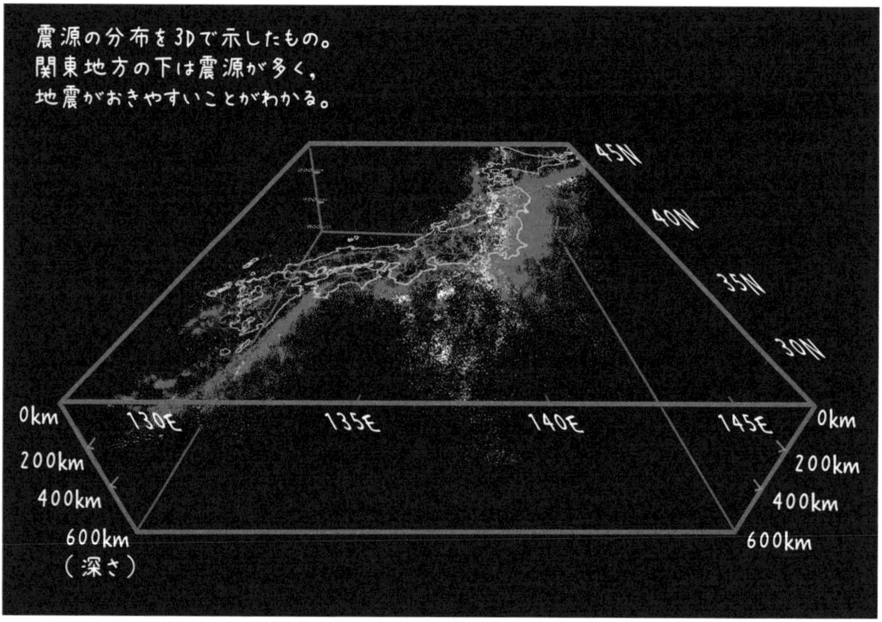

出典：防災科学技術研究所 Hi-net高感度地震観測網

なるほど。その中で，関東大震災を引きおこした関東地震が，大正関東地震というわけですね。

そうです。1923年（大正12年）9月1日の土曜日午前11時58分に関東地方を襲った大正関東地震の規模は，M7.9と推定されており，神奈川県の相模湾沿岸や千葉県南端，東京都の一部では震度7相当※1の揺れに達しました。

ほぼM8ですか……。それは大きな被害になるわけですね。

また，地震の発生が昼食時だったことから，建物が倒壊した直後から火災が発生しました。東京はほぼ2日間にわたって延焼し，この火災による**火災旋風**も発生しています。

火災旋風？

火災旋風とは，炎や高温の空気を含む火柱状のつむじ風です。関東大震災では，東京だけで9月1日から2日にかけて約100個の火災旋風が発生したと報告されています。

火柱状のつむじ風ですか！
そんなの，あっという間に焼け野原になってしまうじゃないですか！

そうです。一方，海では**津波**が発生し，静岡県熱海市に約12メートルの津波が押し寄せました。

おそろしいですね……。

※1：当時の震度階級は震度0から震度6までの7階級であったが，家屋の倒壊状況などから，現在の震度7相当の揺れであったと推定されている。震度7の階級は，1948年の福井地震のあとに制定された。

最終的に，関東大地震で全壊・流出・全焼した建物は約29万3400棟，死者・行方不明者は約10万5000人におよんだと推測されています。
死者・行方不明者のうち，約9万2000人が火災による死者とみられており，そのうち約3万8000人は，東京東部の両国駅の北側にあった「旧陸軍被服廠跡」で，火災旋風に襲われて亡くなったといわれています。

被害の大きさが尋常じゃないですね……。

そうなんです。また，関東地震は南海トラフ地震と同様，くりかえし発生します。
過去の文献から，大正関東地震の前には，1703年（元禄16年）に**元禄関東地震**（M7.9〜8.2）が発生したことがわかっています。

これは，元禄時代に発生した関東地震ということですね。文献上では，元禄関東地震と大正関東地震の間隔は，220年ということですね。

そうですね。また，房総半島の南端の海岸沿いには，**海岸段丘**とよばれる階段状の地形があります。この海岸段丘は，関東地震のたびに隆起し，段差をつくってきたと考えられています。
文部科学省の地震調査研究推進本部によると，海岸段丘の段差がつくられた年代などから，**M8級の関東地震は，ばらつきは大きいものの180〜590年間隔でくりかえし発生すると考えられています。**

なるほど……。だから，関東地震が近い将来必ずやってくることは，避けられない事実なわけですね。“令和関東地震”になるのか，もしくはその先なのか……。

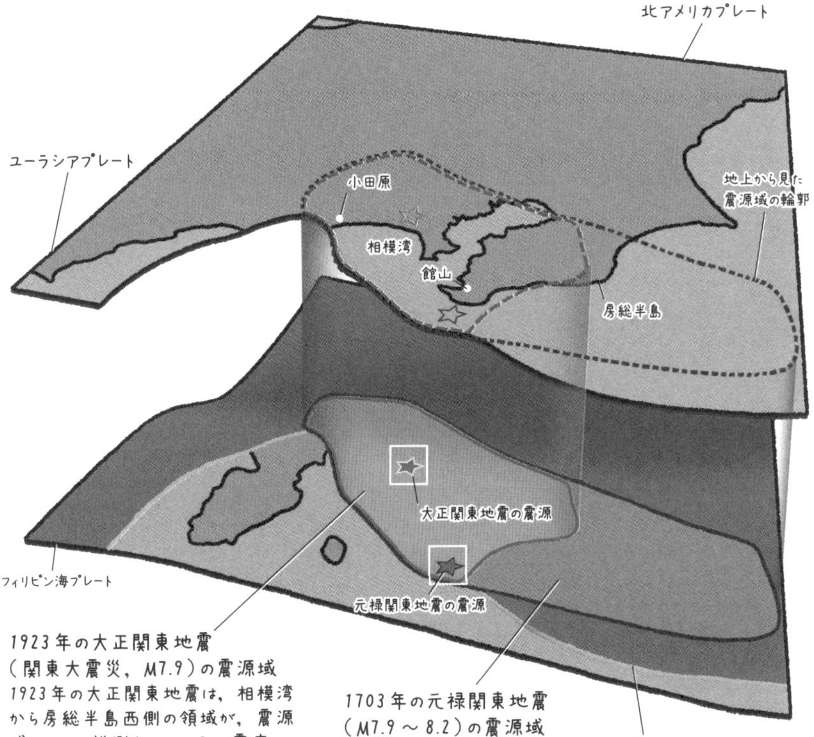

1923年の大正関東地震（関東大震災，M7.9）の震源域
1923年の大正関東地震は，相模湾から房総半島西側の領域が，震源域だったと推測されている。震度は，神奈川県の相模湾沿岸や千葉県南端，東京都の一部で震度7相当。津波の高さは，静岡県熱海市で12メートル，千葉県館山市で9メートル。死者・行方不明者は，約10万5000人とみられている。小田原市付近から房総半島先端にかけて，地盤が約2メートル隆起し，南東方向へ2～3メートル移動。東京都南西部から神奈川県北部にかけて，地盤が数十センチメートル沈降した。

1703年の元禄関東地震（M7.9～8.2）の震源域
1703年の元禄関東地震は，相模湾から房総半島南東沖の領域が，震源域だったと推測されている。震度は，神奈川県の相模湾沿岸や千葉県南端で震度7相当。津波が，相模湾や房総半島の沿岸部を襲った。神奈川県小田原市から川崎市にかけての宿場がほぼ全滅するなど，死者は，1万人以上とみられている。相模湾沿岸から房総半島にかけて，地盤が約6メートル隆起したと考えられている。

相模トラフ
海底の細長い溝のような地形を，「トラフ」といいます。相模トラフは，フィリピン海プレートが北アメリカプレートの下に沈みこむ場所。相模湾から，日本海溝と伊豆・小笠原海溝がぶつかる三重会合点までのびている。

プレート境界の範囲によってはM8.7に達する

先生，悪あがきをするわけではないんですが……。
先ほど，「地震調査研究推進本部は，M8級の関東地震の発生間隔は180〜590年」ということでした。
前回の大正関東地震の発生から，まだ101年ですよね？
ということは，まだ少なくとも約80年はおこらないんじゃ……。

確かに，地震調査研究推進本部は，相模トラフ沿いのM8クラスの地震(M7.9〜8.6)が，2023年1月1日から30年以内に発生する確率を「ほぼ0％」〜「6％」と算定しています。

ほら！　やっぱりゼロに近いじゃないですか！

しかし，確率はゼロではありません。そもそも「180〜590年という発生間隔」の幅は，信頼度が95％の範囲ということであって，発生間隔の下限が180年という意味ではないのです。
つまり，**次のM8クラスの関東地震が，「180年よりも短い間隔」で，「M7級の首都直下地震よりも先に」発生する可能性はあるのです。**

これがつまり，「予測はできるけど，確実じゃない」ということですか……。

中央防災会議によると，もし現在の関東地方に，大正関東地震クラスの地震が発生した場合，死者は最大7万人に達すると想定されています。
また，地震の震源域がことなれば，規模もことなるため，震度分布や被害の程度も変わります。
過去のM8級の関東地震の中で，震源域がくわしくわかっている関東地震は，大正関東地震（M7.9）と，1703年の元禄関東地震（M7.9〜8.2）だけで，この二つの地震とはことなる震源域をもつ，M8級の関東地震が発生するおそれもあります。

その二つの地震とは震源域がことなる可能性もあるんですね。

房総半島南東沖の地下には，元禄関東地震でずれ動いたにもかかわらず，大正関東地震ではずれ動かなかった震源域があります。そのため，この領域にひずみがたまっている可能性があるのです。

そうなんですか！

関東地震の震源域となりうる可能性が最も大きいと考えられているプレート境界は，相模トラフを南端にして南北に約220キロメートル，東西に約260キロメートルの範囲に広がっています。
仮にこの範囲のすべてを震源域とする最大級の関東地震が発生した場合，地震の規模はM8.7に達すると推定されています。

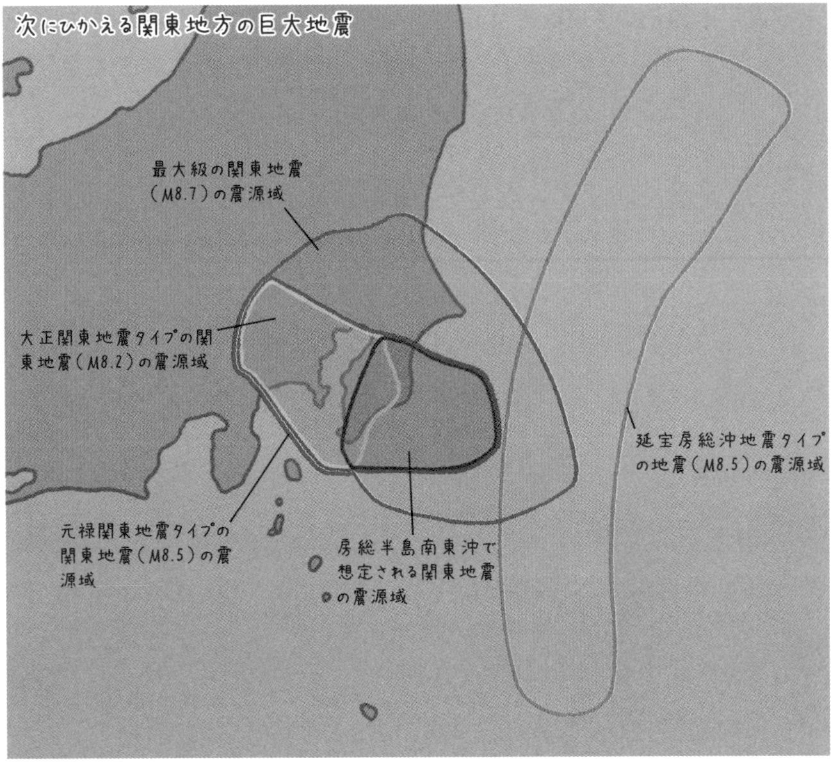

次にひかえる関東地方の巨大地震

M7級の首都直下地震は，いつどこでおきるか予測不可能

先生，関東地方では，プレート境界型の地震だけではなく，首都圏の真下で発生する地震も警戒されていますよね……。

そうですね。首都圏で特に警戒されている地震は，M8級の関東地震ではなく，実は，M7級の**首都直下地震**とよばれる大地震です。
過去のデータから，関東地震のあいだには，M7級の地震が多数発生していることがわかっています。そのことから，政府の特別機関である地震調査研究推進本部地震調査委員会は，「南関東でM7クラスの地震が今後30年以内に起きる確率は70％」とし，警戒しているのです。

先生，首都直下というと，やはり丸の内とか新宿とか，オフィスが密集するような地域の真下でおきる地震ということですか。

「首都直下」というと，そのようなイメージを抱きがちですが，**首都直下地震とは，東京およびその周辺地域を含む，主に南関東に存在する活断層を震源として発生するM7程度の規模の地震を想定しています。**

そうだったんですね。

過去の地震の履歴を調べると，M8級の関東地震のあいだには，M7級の首都直下地震が複数回発生しています。

たとえば，1703年の元禄関東地震から1923年の大正関東地震までの約220年のあいだには，M7級の首都直下地震が8回発生したことがわかっています。
そして，大正関東地震から2023年11月現在までの約100年間に発生したM7級の首都直下地震は，1930年の北伊豆地震と1987年の千葉県東方沖地震（M6.5）の2回だけです。このため，政府はM7級の首都直下地震の発生を，特に警戒しているのです。

地震のエネルギーが，どこかで溜まっているかもしれないんですね……。

はい。
しかも，30年間に発生する確率は70％程度と高い確率が出ているにもかかわらず，3枚のプレートが重なり合う関東地方では，**その3枚のプレートのうちのどこで地震が発生するのかは予測がむずかしいのです。**

予測がむずかしいと対策も練りにくいですね…。

はい。このため，2013年12月19日，内閣府の中央防災会議は，「首都直下地震の被害想定と対策」を公表しました。
首都直下地震として考えられる19の地震を想定し，M7規模の地震が発生した際，その地域ではどのような震度の分布になるのかをシミュレーションしたものです（右のイラスト）。

こんなにたくさんの場所が想定されているんですね。

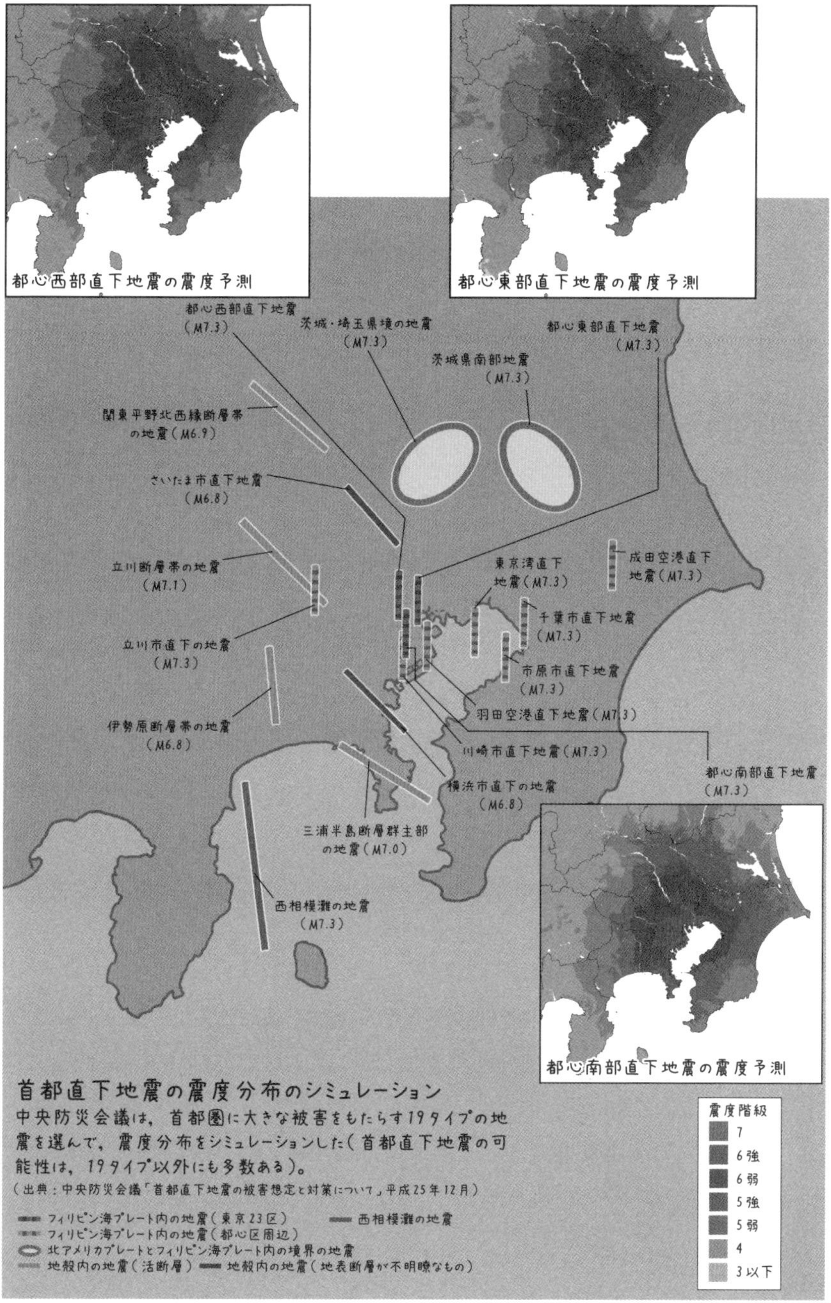

首都直下地震の震度分布のシミュレーション
中央防災会議は，首都圏に大きな被害をもたらす19タイプの地震を選んで，震度分布をシミュレーションした（首都直下地震の可能性は，19タイプ以外にも多数ある）。
（出典：中央防災会議「首都直下地震の被害想定と対策について」平成25年12月）

はい。そして，その中でも，被害が最も大きくなると推測されるのが都心南部直下地震です。
想定によると，**都心南部直下地震による建物の全壊は約17万5000棟，火災による建物の焼失は約41万2000棟（冬の夕方，風速毎秒8メートルの場合），死者は2万3000人にのぼるとされています。**

想像したくないような規模ですね……。でも，日本に住んでいる以上，避けることはできないんですよね。それがわかった以上，安心せずに，防災の準備を整えておかないといけないですね。

その通りです。地震の研究は日々進んでいますが，まだまだ日本の地下にはわかっていないことがたくさんあるのです。私たちも，常に興味をもって，その日にそなえておくことが必要なのです。
最初のころ，地震についてすごく心配をされていましたが，地球の構造や，日本列島のしくみ，火山の噴火や地震が発生するメカニズムについてだいぶ理解が進んだでしょうか？

はい。最初は地震がおきたらどうしようとばかり思っていましたが，結局，地震は避けることができないんだとわかって，覚悟ができました。それに，日本に限らず，人間はみんな，地球内部のとんでもないエネルギーを包む，卵の殻みたいな薄い地面の上で，奇跡的に無事に生きているんだなということがよくわかりました。

そうですね。おそれるばかりでなく，そんな気持ちになれたのならよかったです。地震発生や火山噴火を止めることはできませんが，これらの知見にもとづいて，少しでも災害が減少するように工夫や準備をすることはできますから。

確かに，地震や火山のしくみと実態がしっかり理解できれば，工夫や準備ができそうな気がします。いや，しなくてはいけませんね。
先生，**ありがとうございました！**

索引

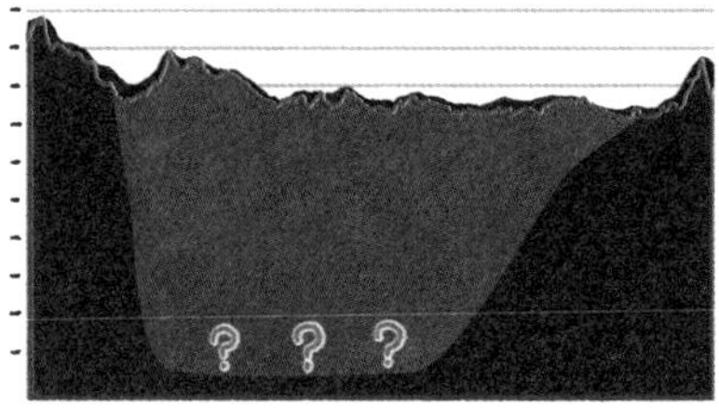

さ

な

は

ま

ゆ・わ

主な内容

世界に革新をおこすChatGPT

ChatGPT って何？
ChatGPTを使ってみよう

ChatGPTを支える技術

AIは「学習」して賢くなる
ChatGPTを生んだ革新技術Transformer

思いのままに絵をつくりだす画像生成AI

ぞくぞくと登場する画像生成AIサービス
イメージ通りの絵を描くためのポイント

生成AIがもたらす未来

ChatGPTは人を超えるのか
ChatGPTは知能とよべるのか

Staff

Editorial Management	中村真哉
Editorial Staff	井上達彦，宮川万穂
Cover Design	田久保純子
Writer	小林直樹

Illustration

表紙カバー	松井久美
表紙	松井久美
生徒と先生	松井久美
5~10	松井久美
11	羽田野乃花
12~14	松井久美
17	羽田野乃花
18~20	松井久美
21	羽田野乃花
23	松井久美
25	Newton Press
28~30	松井久美
31~33	Newton Press
36~37	松井久美
39	羽田野乃花
42~47	Newton Press
49~59	松井久美
60	Newton Press
61~63	松井久美
60~67	Newton Press
68~89	松井久美
90~91	Newton Press
	松井久美
93~115	松井久美
120~121	Newton Press
123~127	松井久美
130~135	Newton Press
139	松井久美
141	Newton Press
144	松井久美
147~151	産業技術総合研究所
152~179	松井久美
182~183	Newton Press
186	松井久美
190	羽田野乃花
192~201	Newton Press
	松井久美
213	松井久美
215	Newton Press
219~200	松井久美
221	Newton Press
229	松井久美
234~239	Newton Press
241~243	松井久美
244~248	Newton Press
250	松井久美
253	Newton Press
256	松井久美
260	Newton Press
262~265	松井久美
270	Newton Press
271~274	Newton Press
	松井久美
276	Newton Press
279	松井久美
283	Newton Press
284	防災科学技術研究所 Hi-net
	高感度地震観測網
287~301	松井久美
302-303	羽田野乃花
	松井久美

監修（敬称略）：

岩森 光（東京大学教授）

やさしくわかる！

文系のための 東大の先生が教える

日本列島の科学

2024年2月5日発行

発行人　高森康雄

編集人　中村真哉

発行所　株式会社 ニュートンプレス　〒112-0012 東京都文京区大塚3-11-6

https://www.newtonpress.co.jp/

電話　03-5940-2451

ISBN978-4-315-52775-9